Physik

9.16

Einführung in die Meteorologie

Ch. Ch. Ling

Nach einer Vorlesung von
Prof. H. U. Dütsch

vdf

Verlag der Fachvereine Zürich

3. Auflage 1982
Unveränderter Nachdruck

Best.-Nr. 9.16

ISBN 3 7281 0916 9

INHALTSVERZEICHNIS

VORWORT

Es ist mir ein Anliegen, Herrn Prof. Dr. H.U. Dütsch meinen herzlichen Dank dafür auszusprechen, dass er mich als Fremdsprachigen dazu ermuntert hat, die Ausarbeitung dieser Autographie an die Hand zu nehmen. Ich verdanke ihm auch die viele Zeit und Mühe, die er sich genommen hat, um mit mir in ungezählten Diskussionen den Stoff zu klären und Hinweise für die Gestaltung der vorliegenden Autographie zu geben.

Besonderen Dank schulde ich auch Herrn Wr. von Wartburg, dipl. Phys. ETH, für die sorgfältige und kritische Durchsicht des Manuskriptes.

Ling Chao-Chi

1. EINLEITUNG

In dieser Vorlesung werden wir hauptsächlich die Meteorologie und ihren physikalischen Zusammenhang mit der Klimatologie behandeln. Die eigentliche Klimatologie ist Gegenstand der Vorlesung von Prof. Dr. F. Müller.

1.1 Abgrenzung zwischen Wetter und Klima

Der Begriff "Wetter" meint die Beschreibung eines momentanen Zustandes der Atmosphäre, während "Klima" einen mittleren Zustand beschreibt, wobei die Mittelung etwa über einige Jahre zu erstrecken ist. Die folgende Gegenüberstellung mag dies verdeutlichen:

Wetter	Klima
Elemente: Temperatur Luftdruck Feuchtigkeit Sonnenstrahlung Niederschlag Wind usw.	Elemente: Mittelwerte über lokale Wetterelemente auf eine lange Periode, z.B. 30 Jahre, und die Abweichungen von diesen Mittelwerten.
Ziele: Untersuchung der Wetterlagen an bestimmten eng begrenzten Orten, z.B. Städten. Beschreibt man die momentane Wetterlage in einem grösseren Gebiet, z.B. in ganz Europa, so spricht man von der Grosswetterlage !	Ziele: Untersuchung der Streuung von Wetterelementen und der Schwankungsbreiten an verschiedenen Orten; z.B. Sonnenstrahlungs- und Windverhältnisse auf der Nord- und Südseite von Bergen.

1.2 Moderner Mensch und Wetter

Einige Beispiele sollen skizzenhaft andeuten, wie weitgehend Wetter und Klima das Leben des heutigen Menschen beeinflussen:

Durch Abgase und Flugstaub kommt es zu einer starken Verunreinigung der Luft, und die Schäden, die von dieser **Luftverunreinigung** hervorgerufen werden, beginnen bereits eine ernste Gefahr für die in den Industriegebieten wohnenden Menschen zu werden.

Der Mensch hat sich im Verlauf seiner Entwicklung immer mehr aus dem natürlichen Klimamilieu herausgelöst. Der Bau von Häusern zum Schutze gegen die Unbill der Witterung und die zunehmende Zahl von Arbeitsplätzen in Fabriken und modernen Büros bedeuten für die darin arbeitenden Menschen einen Aufenthalt in einem **künstlichen Klima**. Dies bleibt nicht ohne Auswirkung auf den Menschen und verursacht die sogenannten Domestikationsschäden.

Diese beiden Stichworte schon – Luftverunreinigung und künstliches Klima – zeigen, dass die Anlage von Industriezentren und Städten nicht allein eine Angelegenheit von Baufachleuten sein kann; die Meteorologie hat dabei ein gewichtiges Wort mitzureden, damit die Gesundheit der Menschen nicht gefährdet wird.

Der **Luftverkehr** ist bis heute immer noch vom Wetter abhängig; insbesondere die Flugroute hängt eng mit den Strömungsverhältnissen in der Atmosphäre zusammen.

Die **Agrarmeteorologen** untersuchen die optimalen Wachstumsbedingungen für verschiedene Pflanzen, um so zur Lösung der Ernährungsprobleme beizutragen.

Auch die **Wettervorhersage** spielt eine grosse Rolle für die Menschheit, welche ihre Ferien bei schönem Wetter verbringen oder über den Strassenzustand Bescheid wissen möchte.

Bei der Wettervorhersage unterscheidet man eine kurzfristige (1 – 2 Tage), eine mittelfristige (3 – 6 Tage) und eine langfristige (über eine Woche) Prognose.

Zugegeben, manchmal ist die Wettervorhersage falsch; doch mit dem Einsatz von Wettersatelliten und grossen Rechenanlagen wird die Wahrscheinlichkeit für eine richtige Prognose in Zukunft weiter ansteigen.
Auf Details werden wir in Kapitel 11 zurückkommen.

2. ZUSAMMENSETZUNG UND AUFBAU DER ATMOSPHÄRE

2.1 Zusammensetzung der Atmosphäre

Die Luft ist ein Gemisch verschiedener Gase. Die wichtigsten davon sind Sauerstoff und Stickstoff sowie das Edelgas Argon. Im weiteren enthält die Luft sogenannte Spurengase, z.B. O_3, CO_2 und kleine Anteile anderer Edelgase. Fig. 2.1 gibt eine graphische Darstellung der Luftzusammensetzung in Volumenprozenten.

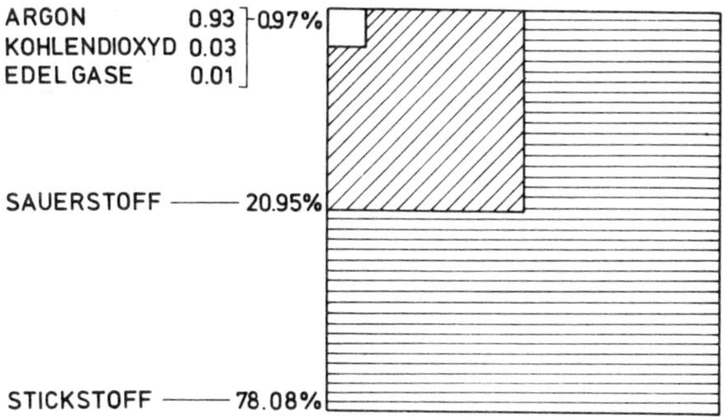

Fig. 2.1: Graphische Darstellung der Zusammensetzung der trockenen Luft in Volumenprozenten.

Ein wichtiger Bestandteil der Atmosphäre ist der Wasserdampf: sein Anteil ist verschieden und kann bis zu 4 % betragen. Der Wasserdampf führt durch Kondensation zu Wolkenbildung und Niederschlag.

2.2 Aufbau der Atmosphäre

Im wesentlichen hat sich eine grobe, auf dem vertikalen Temperaturverlauf beruhende Einteilung der Atmosphäre in fünf Stockwerke bewährt, obgleich der Aufbau viel komplizierter ist, als es in der nachfolgenden Beschreibung anhand des Parameters Temperatur T zum Ausdruck kommen kann.

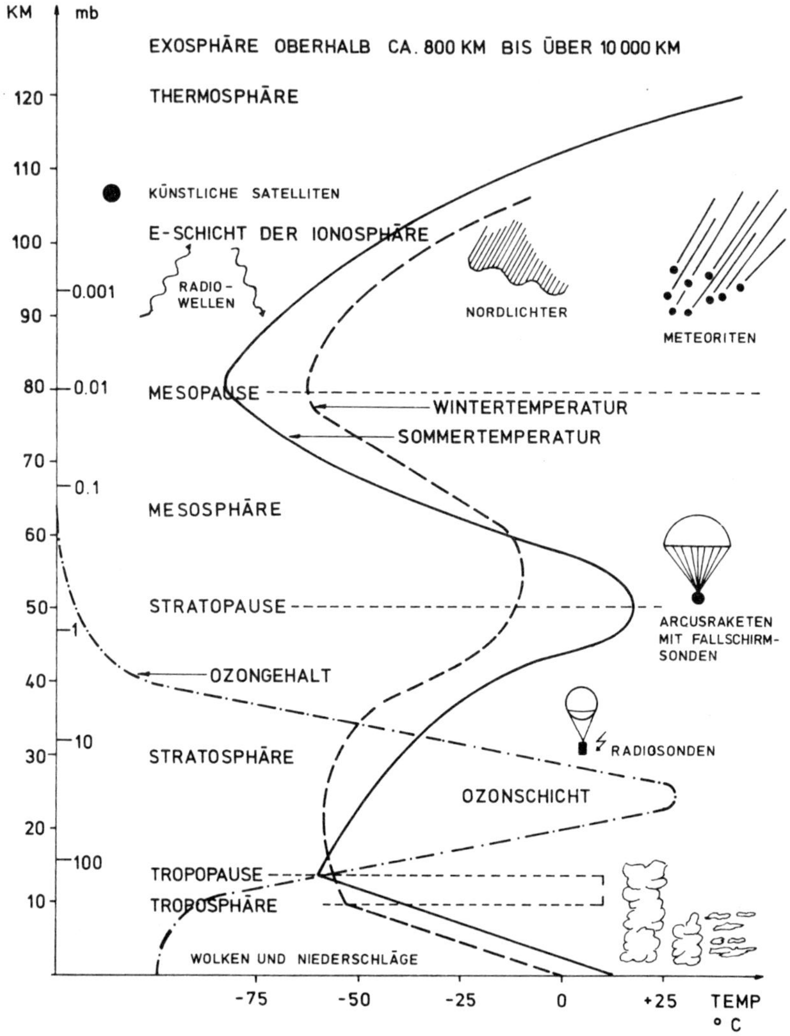

Fig. 2.2: Schematischer Aufbau der Atmosphäre.

2.2.1 Troposphäre

Das unterste Stockwerk ist die Troposphäre. Die Charakteristik der Troposphäre besteht in der Abnahme der Lufttemperatur mit zunehmender Höhe, in Mitteleuropa um durchschnittlich 0.60 Grad / 100 m. In der Troposphäre ist fast der gesamte Wasserdampf konzentriert, so dass es praktisch nur in dieser Schicht Wolken und Niederschläge gibt; sie ist daher der eigentliche Wetterraum. An der oberen Grenze der Troposphäre befindet sich eine scharfe Trennfläche, die besonders durch einen Knick in der vertikalen Temperaturkurve sowie im Knick im Gehalt an gewissen Spurengasen (inklusive Wasserdampf) markiert ist. Man nennt sie Tropopause.

Die Höhe der Tropopause ist aber variabel und abhängig von a) der geographischen Breite (16 km am Aequator, 8 – 9 km in Polargebieten), b) der Jahreszeit (die Tropopause liegt im Sommer und Herbst höher als im Winter und Frühjahr) und c) der täglichen Wetterlage.

Trotz der geringen Höhe der Troposphäre verglichen mit der gesamten Atmosphäre sind in ihr doch 80 % der Masse der gesamten Atmosphäre konzentriert.

2.2.2 Stratosphäre

Das zweite Stockwerk wird Stratosphäre genannt. Diese Schicht zeichnet sich durch relativ hohen Ozongehalt und in ihrem oberen Teil mit zunehmender Höhe wieder ansteigende Temperatur aus. Durch Einwirkung des ultravioletten Sonnenlichtes auf den Sauerstoff wird Ozon (O_3) gebildet. Die durch diese Absorption von UV-Strahlung und in geringerem Masse auch von sichtbarem Licht freiwerdende Wärme ist für diesen Temperaturanstieg verantwortlich. Das Temperaturmaximum bei ca. 50 km Höhe bildet die als Stratopause bezeichnete Abgrenzung gegen die Mesosphäre.

In der Stratosphäre ist der Gehalt an Wasserdampf klein, es gibt somit fast keine Wolken; die wenigen Wolken, die in der Stratosphäre auftreten, sind die sogenannten Perlmutterwolken (vgl. 6.1.3).

2.2.3 Mesosphäre

In dieser Schicht nimmt die Temperatur nach oben wieder ab bis zu einem Minimum, welches Mesopause genannt wird. Über dem Polargebiet, wo schon die Stratopause relativ hoch liegt, nimmt im Sommer die Temperatur in der Mesosphäre besonders stark ab, so dass hier an der Mesopause die tiefsten in der Atmosphäre überhaupt beobachtbaren Temperaturwerte (ca. -130° C) gemessen werden. Paradoxerweise liegen wiederum im Polargebiet die Temperaturen an der Mesopause im Winter nur bei etwa -60° C.

In der Mesopause gibt es eine interessante Erscheinung: die leuchtenden Nachtwolken, die meist silbrig bis bläulich weiss leuchtenden Gebilde, die wahrscheinlich aus Eis bestehen, können bis zu Sonnenhöhen von 5 – 13° beobachtet werden.

2.2.4 Thermosphäre

Das vierte Stockwerk der Atmosphäre, die Thermosphäre, ist stark ionisiert und enthält freie Elektronen. In elektrischer Hinsicht wird sie daher auch die Ionosphäre genannt. Sie ist charakterisiert durch das Vorhandensein positiv geladener Ionen und negativer Elektronen (Plasma), welche durch Einwirkung von UV-Strahlung auf die Sauerstoffmoleküle entstehen:

$$\text{Ionisation:} \qquad O_2 + \text{UV-Strahlung} \rightarrow O_2^{+} + e^{-}$$

Eine weitere ähnliche Reaktion der Thermosphäre, welche aber nicht zu geladenen Teilchen führt, ist die Dissoziation.

$$\text{Dissoziation:} \qquad O_2 + \text{UV-Strahlung} \rightarrow O + O$$

Eine Re-Kombination ist in beiden Fällen möglich, verläuft aber viel weniger rasch als in tieferliegenden Schichten, wo Ionisation und Dissoziation in kleinerem Ausmass zwar auch vorkommen, aber gerade wegen der hohen Rekombinationsrate zu keiner wesentlichen Ionendichte führen können.

Die Ionosphäre ist keine einheitliche Schicht, in welcher die Ionen gleichmässig verteilt sind, sondern es bilden sich je nach Tages- und Jahreszeit mehrere Schichten verschieden starker Ionenkonzentration aus, die als D-, E- und F-Schichten bekannt geworden sind (Fig. 2.3).

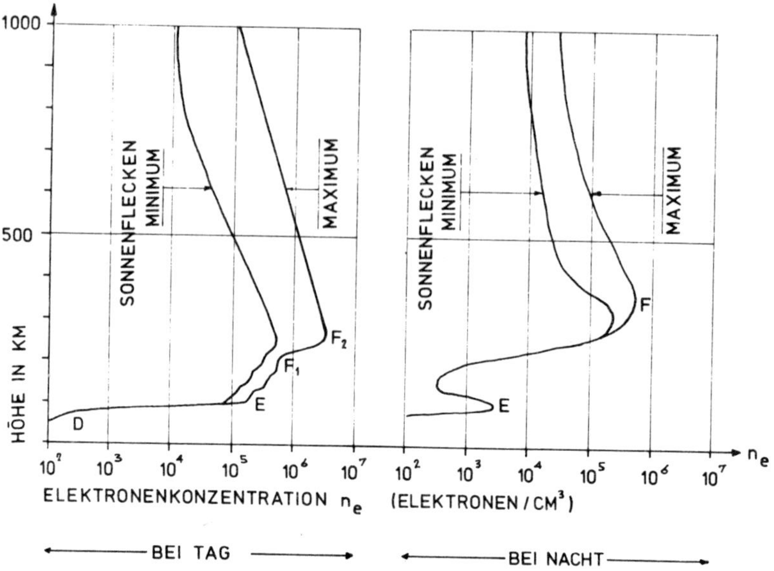

Fig. 2.3:
Mittlere Konzentration der freien Elektronen in der Ionosphäre.

Die Beobachtungen zeigen, dass Radiowellen bestimmter Frequenzen, von irdischen Sendern ausgestrahlt, diese Ionosphärenschichten nicht alle durchdringen können, sondern wie von einem Spiegel zur Erdoberfläche zurückgeworfen werden. Wellen mit einer Länge von mehr als 30 bis 50 m werden reflektiert, während kürzere Wellen fast ungehindert die Ionosphäre durchdringen können. Deshalb können für Verbindungen mit Satelliten und Raumschiffen nur ultrakurze Wellen verwendet werden.

Die Änderung der Elektronendichten führt zu Störungen im Radioverkehr. Den grössten Einfluss hat die absorbierte D-Schicht, welche in der Nacht wegen der fehlenden Einstrahlung beinahe vollständig verschwindet. Deswegen ist der Radioempfang in der Nacht auch viel besser als am Tag. Auch der Einfluss von Sonneneruptionen auf den Radioverkehr ist auf die durch die Eruptionen hervorgerufenen Änderungen der Elektronendichte in der Ionosphäre zurückzuführen.

2.2.5 Exosphäre

Das letzte Stockwerk wird gebildet durch die Exosphäre, das Übergangsgebiet zwischen Lufthülle und dem interplanetaren Raum.

Es stellt sich hier die Frage, warum Moleküle dieser hohen Schicht nicht in den Weltraum entweichen. Dazu betrachten wir die potentielle Energie, die ein Molekül im Schwerefeld der Erde besitzt

$$\text{Ablösungsarbeit} = m \cdot g \cdot R_0$$

wobei

m = Masse des Moleküls

g = Erdbeschleunigung an der Erdoberfläche

R_0 = Erdradius

Ist nun die kinetische Energie

$$U_{kin} = 1/2\, m\, v^2$$

grösser als die Ablösungsarbeit, so kann das Molekül in den Weltraum entweichen.

Die kritische Geschwindigkeit, die ein Molekül also besitzen muss um zu entweichen, berechnet sich aus der Gleichheit der beiden Energien

$$m\,g\,R_o = \frac{m}{2}\,v_k^2$$

$$V_k = \sqrt{2\,g\,R_o}$$

Für Moleküle der Exosphäre beträgt

$$V_k = 11.2\ \text{km/sec.}$$

Da nun in einem Gas mit der charakteristischen Boltzmann'schen Verteilung (Fig. 2.4) stets ein gewisser Teil der Moleküle die kritische Geschwindigkeit V_k überschreitet, werden diese Teilchen den Anziehungsbereich der Erde verlassen können.

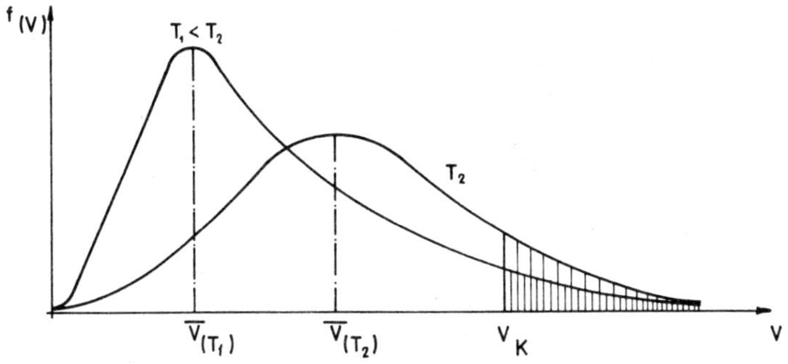

Fig. 2.4: Boltzmann'sche Geschwindigkeitsverteilung der Moleküle eines Gases für zwei verschiedene Temperaturen T_1 und T_2.

Man kann berechnen, dass auf der Erde die mittlere Geschwindigkeit des Gases $\bar{V}$ unterhalb des Wertes von $2.3 \cdot 10^5$ m/sec. bleiben muss, d.h. $\bar{V}/V_k \leqq 0.27$, wenn das betreffende Gas 10^9 und mehr Jahre Bestandteil der Erdatmosphäre bleiben soll.
$\bar{V}$ ist gegeben durch

$$\bar{V} = \frac{3RT}{m}$$

wobei:

m = Masse des Moleküls
R = die universelle Gaskonstante
T = die absolute Temperatur

Berücksichtigen wir die im Bereich der oberen Thermosphäre vorhandenen hohen Temperaturen, so ergibt sich, dass der Wasserstoff und knapp auch Helium diese Bedingung nicht erfüllen, also in den Weltraum entweichen.

Der Planet Merkur hat aus diesem Grunde keine Atmosphäre, denn V_k ist dort ungefähr dreimal kleiner als auf der Erde ($V_k = 4.3$ km/sec.), so dass auch die schweren Moleküle die Bedingung $\bar{V}/V_k \leqq 0.27$ nicht erfüllen und in den Weltraum entweichen.

2.2.6 Magnetosphäre

Der Bereich in der Umgebung der Erde, innerhalb dessen die Bewegungen geladener Teilchen völlig vom erdmagnetischen Feld beherrscht werden, wird Magnetosphäre genannt. Der Begrenzung der Magnetosphäre hat man den Namen Magnetopause gegeben. Ausserhalb der Magnetopause, im "freien" interplanetaren Raum, gibt es keine Wirkung des Erdmagnetfeldes. Man kann daher die Magnetopause als Abgrenzung der Atmosphäre gegenüber dem interplanetaren Raum betrachten.

Das Erdmagnetfeld, das in der Nähe der Erde nahezu rotationssymmetrisch zur magnetischen Erdachse ist, wird in grösseren Entfernungen von den von der Sonne emittierten, geladenen Teilchen (Sonnenwind) deformiert (Fig. 2.5).

Die Teilchen des Sonnenwindes ihrerseits werden durch das Magnetfeld der Erde abgelenkt, so dass sich Gebiete mit relativ hoher Strahlungsintensität ergeben, welche mit der Symmetrie des Erdmagnetfeldes rings um die Erde angeordnet sind: der sogenannte van Allen'sche Strahlungsgürtel, welcher in letzter Zeit mit Hilfe von Satelliten und Raumsonden erforscht wurde.

Weiter können Teilchen des Sonnenwindes auch so abgelenkt werden, dass sie in der Gegend der Pole den Feldlinien entlang in die Atmosphäre eindringen und diese zum Leuchten anregen. Solche Erscheinungen nennt man Nordlichter, weil sie nur in hohen Breiten auftreten können (vereinfachte Darstellung).

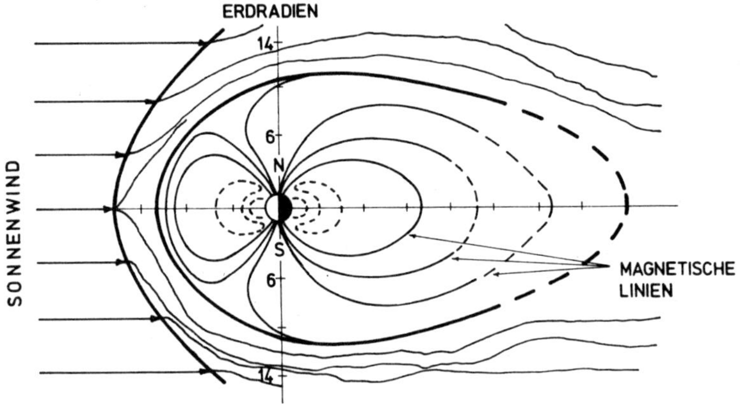

Fig. 2.5: Schnitt durch die Magnetosphäre der Erde: Abstand in Erdradien.

2.3 Einfluss der Land/Meer-Verteilung auf das Wetter

Die Fig. 2.6 zeigt die verschiedene Land/Meer-Verteilung auf der Nord- und Südhemisphäre. Die Nordhemisphäre ist gekennzeichnet durch einen grossen Anteil an Festland und durch das Polarmeer, die Südhemisphäre dagegen durch einen grossen Anteil an Meer und einen Polarkontinent, die Antarktis.

Eine Wirkung der Land/Meer-Verteilung auf das Wetter entsteht durch die unterschiedlichen Temperaturverhältnisse über Land und Meer, da das Meer ein sehr guter Wärmespeicher ist.

Weiter werden die Luftzirkulationsverhältnisse beeinflusst durch den grösseren Reibungswiderstand der Luft über dem Festland als über dem Meer.

Die Eigenschaften der Erdoberfläche können sich sogar bis in die Stratosphäre, d.h. ausserhalb des eigentlichen Wetterraumes auswirken; so ist z.B. die Temperatur in der Stratosphäre über der Arktis (Meer) im Winter 20° C höher als über der Antarktis (Festland).

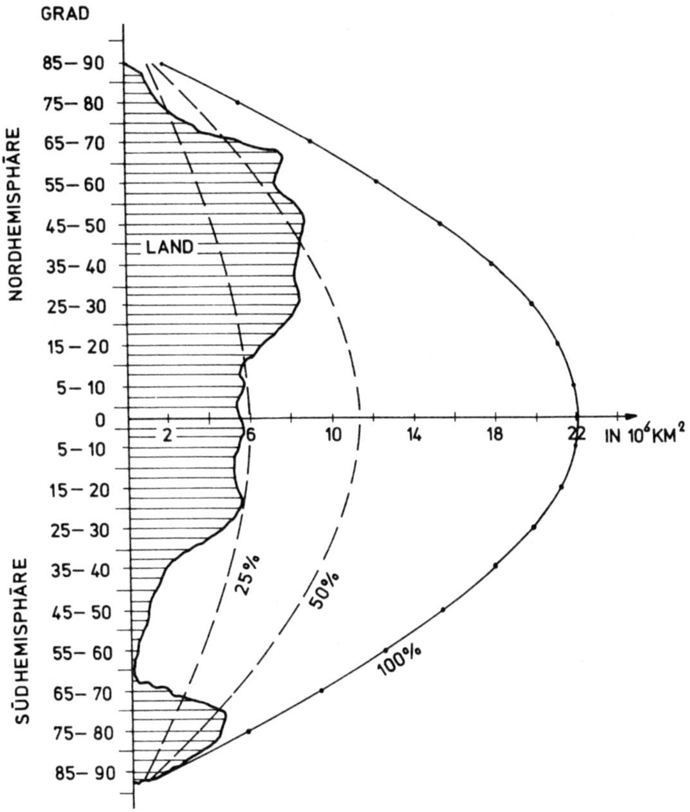

Fig. 2.6: Verteilung von Land und Wasser auf der Nord- und Südhemisphäre.

3. METEOROLOGISCHE MESSUNGEN

3.1 Messung der Temperatur

3.1.1 Definition der Temperatur

Die Temperatur T ist ein Mass für die mittlere, kinetische Energie E_k der Moleküle der Materie.

$$T \longleftrightarrow E_k = \frac{1}{2} m \bar{V}^2$$

wobei: m = Masse der Moleküle
$\bar{V}$ = mittlere Geschwindigkeit der Moleküle

Die bei uns gebräuchliche Temperaturskala ist diejenige von Celsius; sie ist festgelegt durch den Gefrierpunkt von Wasser bei 0 Grad und durch den Siedepunkt von Wasser bei 100 Grad. Daneben ist in den angelsächsischen Ländern die Fahrenheit-Skala gebräuchlich, und die Physiker verwenden meist die absolute oder Kelvin-Skala. Die folgende Tabelle (3.1) gibt die Beziehungen zwischen diesen drei Skalen:

Celsius	Fahrenheit	abs. Temperatur
0.0° C	32.0° F	273.15° K
100.0° C	212.0° F	373.15° K

Tabelle 3.1: Beziehung zwischen den drei verschiedenen Temperatur-Skalen.

3.1.2 Quecksilberthermometer

Es ist eine bekannte physikalische Tatsache, dass sich die meisten Körper mit zunehmender Temperatur ausdehnen. Diese Eigenschaft verwendet man, um aus der Ausdehnung einer Substanz die Temperatur zu messen. Sehr häufig wird Quecksilber als Referenzsubstanz verwendet, da es bei mittleren Temperaturen eine sehr gute Linearität aufweist. Das **Quecksilberthermometer** besteht aus einer überall gleich weiten Kapillare, die an einem Ende eine mit Quecksilber gefüllte Kugel trägt. Es werden die Temperaturen 0° und 100° C festgelegt. Die Ausdehnung der Glaswand ist sehr klein gegen die Ausdehnung des Quecksilbers.

Das gewöhnliche Quecksilberthermometer ist für Temperaturen unter dem Erstarrungspunkt (−38.4° C) und über dem Siedepunkt (357° C) von Hg nicht brauchbar; die Meteorologen verwenden deshalb zur Messung der tiefsten Temperaturen Alkohol- oder Toluol-Thermometer. Diese beruhen ebenfalls auf der thermischen Ausdehnung, aber ihre Skalen sind nicht linear.

3.1.3 Andere Temperaturmessmethoden

Der **Thermograph** ist ein mechanischer Schreiber, welcher die Temperatur auf einem Papierstreifen festhält. Ein Bimetall, zwei aufeinandergeheftete Metallstreifen mit verschiedenem Ausdehnungskoeffizient, krümmt sich bei Temperaturänderungen, und diese Krümmung wird mechanisch auf einen Schreiber übertragen (Fig. 3.1).

Die Genauigkeit des Thermographen ist nicht sehr gross. Seine einfache und robuste Konstruktion machen ihn aber zu einem in Wetterstationen häufig verwendeten Temperaturmessinstrument.

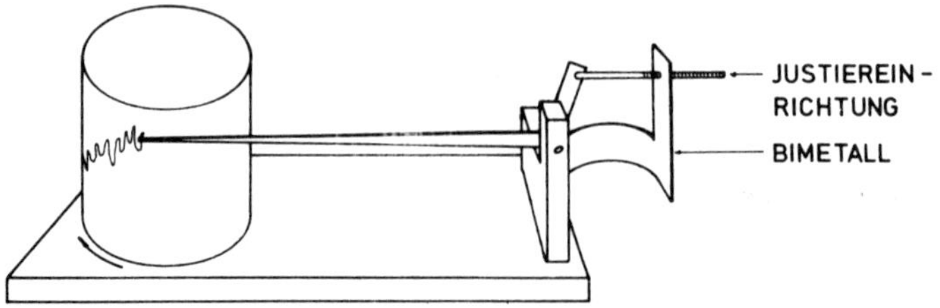

Fig. 3.1: Thermograph

Beim **Widerstandsthermometer** wird der elektrische Widerstand eines Halbleiters (Thermistor) oder eines Metalls (z.B. Platin) gemessen. Dieser ändert sich mit der Temperatur nach bekannten, festen Gesetzen; z.B. ist er bei Platin im ganzen Bereich von -260° C bis zu 100° C linear von der Temperatur abhängig.

Beim **Thermoelement** handelt es sich um Lötverbindungen zwischen zwei Metallen, z.B. Kupfer und Konstantan. Liegen zwei Lötstellen wie in Fig. 3.2 auf verschiedenen Temperaturen, so entsteht am Voltmeter eine Thermospannung, welche eine Funktion der Temperaturdifferenz ist. Beim Messen mit Thermoelementen ist also eine genau bekannte Referenztemperatur notwendig, z.B. hat ein Eis-Wasser-Gemisch genau 0° C.

Ein Vorteil des Thermoelementes beim Einbau in Instrumenten und Sonden ist sein enorm kleiner Platzbedarf.

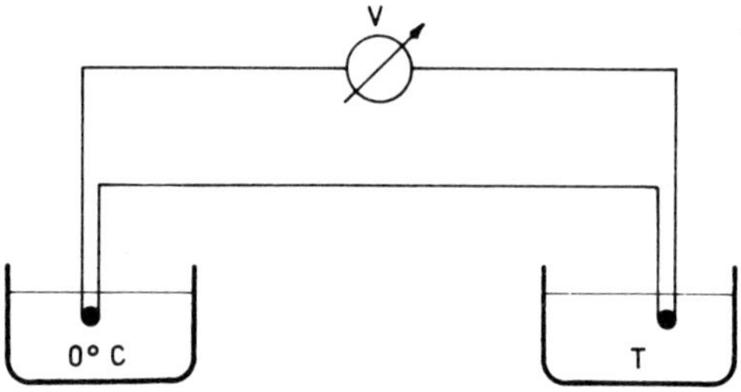

Fig. 3.2: Temperaturmessung mit einem Thermoelement.

3.1.4 Temperaturmessungen in der Meteorologie

Die Fig. 3.3 möge den Unterschied in den Zielen einer Temperaturmessung erläutern. Die meisten Meteorologen begnügen sich mit Kurve a: sie gibt den Verlauf der Temperatur während eines Tages mit den wesentlichen Charakteristiken, sie ist mit einem Hg-Thermometer aufgenommen.

Kurve b hingegen gibt Temperaturänderungen, die innerhalb weniger Minuten vorkommen, genau wieder, wie es z.B. für die Untersuchung der Turbulenz notwendig ist; diese Kurve muss mit einem Thermoelement oder Widerstandsthermometer aufgenommen werden, welches auf jede Temperaturänderung sofort reagiert.

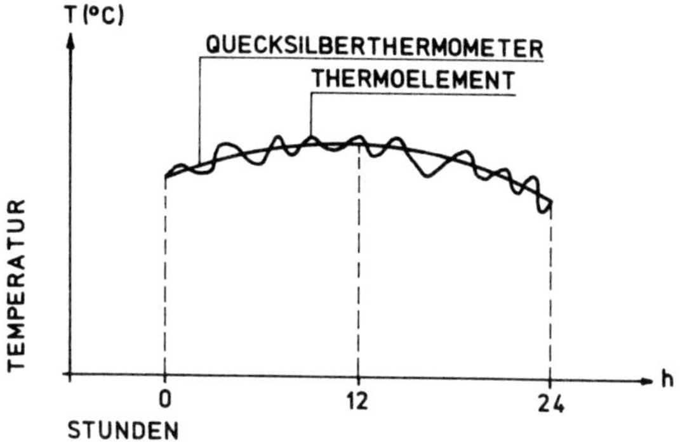

Fig. 3.3: Vergleich der Temperaturmessungen mit einem Quecksilberthermometer und einem Thermoelement.

3.1.5 Aufstellung der Temperatur-Messinstrumente

Zur Messung der Lufttemperatur im Freien ist zu beachten, dass die durch die Sonnenwirkung erwärmten Gegenstände selbst wieder Wärme ausstrahlen, und auch einen Teil der Sonnenstrahlen reflektieren. Um die Lufttemperatur so genau wie möglich zu messen, sollte das Thermometer vor dieser Strahlung geschützt sein.

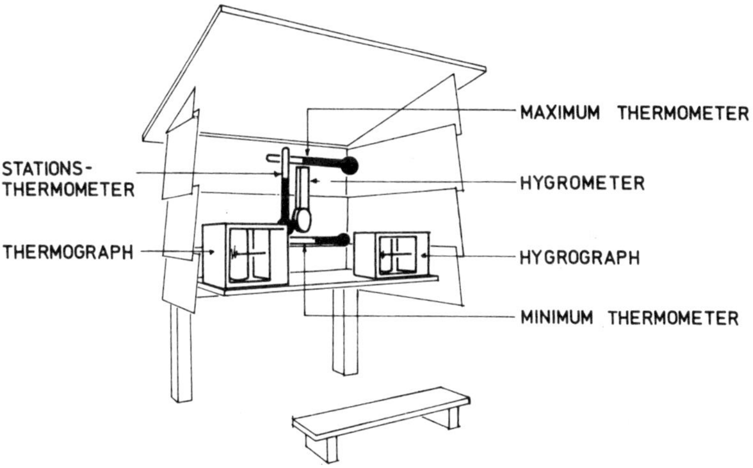

Fig. 3.4: Wetterhütte.

Wegen der starken Einflüsse der Strahlungsvorgänge in Bodennähe stellen wir unsere Messinstrumente ungefähr 1.5 m über dem Boden auf, in einer Hütte mit weissen, fensterladenähnlichen Wänden, die eine gute Luftzirkulation um die Thermometer gewährleisten. Zudem werfen die weiss gestrichenen Wände einen grossen Teil der Sonnenstrahlen zurück.

Der Standort solcher Messstellen sollte über lange Zeit immer derselbe sein, um den Klimatologen vergleichbare Messungen über lange Zeitperioden zu ermöglichen. Ausserdem sollen Messstellen weitab von den Städten gelegen sein, da deren Klima in starkem Masse von variablen künstlichen Einflüssen abhängig ist.

3.2 Messung der Feuchtigkeit

Einzig die relative Feuchtigkeit (vergl. mit Kapitel 5) lässt sich einfach messen. Das dazu verwendete Instrument heisst **Haarhygrometer**, dessen Konstruktion eine Eigenschaft der Menschen- bzw. Tierhaare oder Haut ausnützt: bei zunehmender relativer Feuchtigkeit werden die Haare länger und bei abnehmender relativer Feuchtigkeit verkürzen sie sich. Ein Haarbüschel, durch eine Feder gestreckt, überträgt die Veränderungen seiner Länge auf einen Zeiger, und dieser bewegt sich vor einer in % der Feuchtigkeit geeichten Skala. Das Haarhygrometer muss immer wieder nachgeeicht werden; ausserdem ist die Messgenauigkeit nur ungefähr 5 bis 10 % (Fig. 3.5).

Ein **Psychrometer** (Fig. 3.6) besteht aus zwei gleichen Thermometern, gewöhnlich Quecksilberthermometer, die nebeneinander montiert sind. Der Behälter des einen Thermometers (" Kugel ") wird mit einem dünnen Strumpf, z.B. Mousselin, umhüllt, der mit Wasser getränkt wird, das ist das feuchte Thermometer.

Infolge der Verdunstung des Wassers aus dem nassen Strumpf zeigt das feuchte Thermometer eine niedrigere Temperatur, die Feuchttemperatur, als das trockene Thermometer.

Die Lufttemperatur, d.h. die Ablesung am trockenen Thermometer, und die Temperaturdifferenz "trocken - feucht" können daher zur Bestimmung der Luftfeuchtigkeit verwendet werden. Zu diesem Zweck hat man theoretische und experimentell abgeleitete Tabellen.

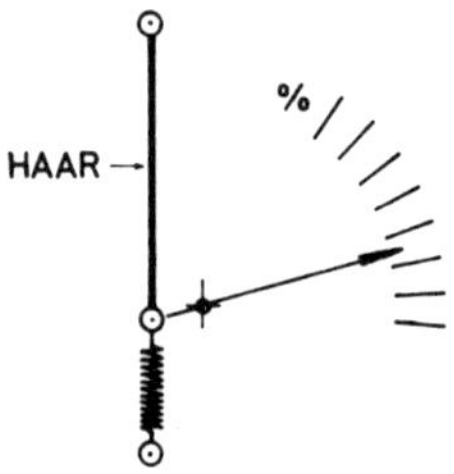

Fig. 3.5: Schema des Haarhygrometers.

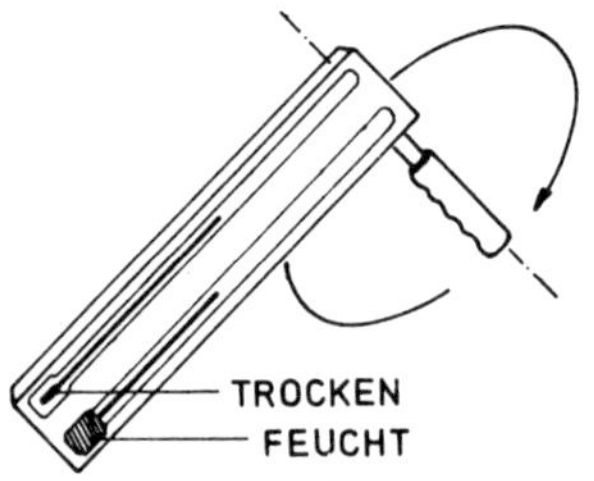

Fig. 3.6: Schema des Psychrometers.

Je trockener die Luft, umso grösser wird die Differenz zwischen T und T_{feucht} sein. Als Beispiel sei ein Vorlesungsexperiment zitiert, wo T = 20.6° C und T_{feucht} = 12.6° C. Mit Hilfe einer Tabelle bestimmt sich f zu 38 %. Das Haarhygrometer zeigte unter denselben Bedingungen nur f = 33 % an. Anstelle des Feuchtthermometers werden oft auch Thermometer verwendet, die im Kontakt mit einer auf den Taupunkt abgekühlten Metalloberfläche stehen; diese Instrumente nennt man dann **Taupunkthygrometer**; sie können auch zur Messung des Dampfdruckes in der höheren Atmosphäre verwendet werden.

Die relative Feuchtigkeit kann auch mit Halbleitern gemessen werden, doch ist die Genauigkeit nicht sehr gross.

Fig. 3.7 zeigt eine Messung von Temperatur und Feuchtigkeit im Oktober 1965. Bei sinkender Temperatur steigt bei gleicher Luftzusammensetzung die relative Feuchtigkeit an. Vom 14. bis 16. wird bei leicht erhöhter Temperatur durch den Föhn trockene Luft zugeführt.

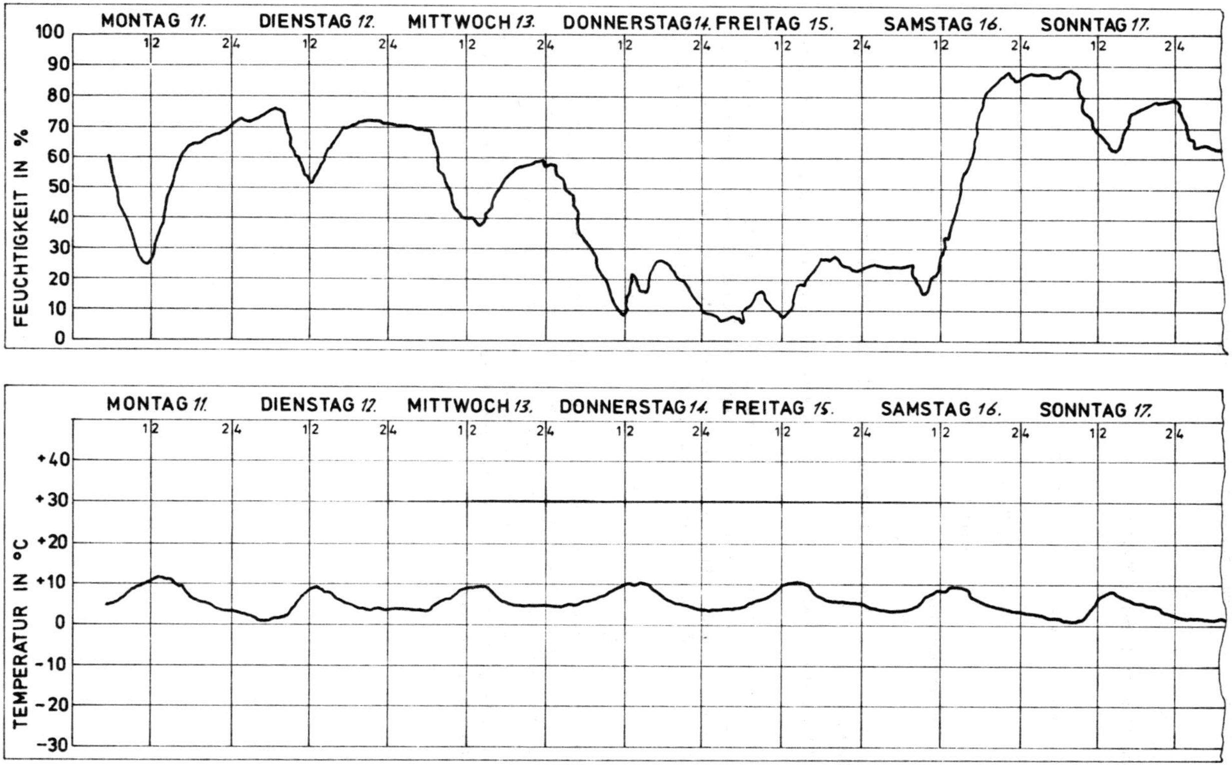

Fig. 3.7: Registrierte Temperatur und Feuchtigkeit im Oktober 1965.

3.3 Messung des atmosphärischen Druckes

Die Einheit des Luftdruckes können wir aus dem hydrostatischen Grundgesetz ableiten

$$p = g \cdot \rho \cdot h$$

$g = 980$ [$cm\ sec^{-2}$]
$\rho = 13.6$ [$gr.cm^{-3}$] für Quecksilber bei $T = 0^o$ C
h = Höhe [cm]

Es folgt für h = 760 mm:

$$p = 1.013 \cdot 10^6 \ \frac{gr\ cm\ sec^{-2}}{cm^2}$$

$$= 1.013 \cdot 10^6 \ dyn/cm^2$$

$$= 1013.0 \ mbar$$

wobei die Einheit "bar" definiert ist zu

$$1\ bar = 10^6 \ dyn/cm^2$$

Das grundlegende Instrument, das schon im 17. Jahrhundert vom italienischen Physiker Torricelli erfunden worden ist, ist das **Quecksilberbarometer** (Fig. 3.8).

Es stellt sich ein Gleichgewicht ein zwischen dem Gewicht der Quecksilbersäule der Höhe L und dem atmosphärischen Druck p.

Die abgelesene Höhe der Quecksilbersäule ist aber noch kein eindeutiges Mass für den Luftdruck, weil deren Gewicht noch durch zwei andere physikalische Eigenschaften beeinflusst wird, nämlich durch die Temperaturabhängigkeit der Dichte ρ (T) und durch die geographische Breite, von welcher die Grösse g abhängt. Daher muss die abgelesene Höhe so normiert werden, als besässe die Quecksilbersäule die Temperatur 0° C und befinde sich auf einer geographischen Breite von 45°.

Es ist reiner Zufall, dass die Beziehung zwischen dem Luftdruck in bar und der Höhe der Quecksilbersäule annähernd gegeben ist durch 4 mb = 3 mmHg.

Das Quecksilberbarometer ist nicht leicht transportierbar und nimmt relativ viel Platz in Anspruch. Im allgemeinen verwendet man das **Aneroidbarometer**. Schaffen wir einen luftverdünnten Raum in einer Druckdose (Fig. 3.9) so wird sich deren Form unter dem Einfluss des Luftdruckes verändern. Sobald der Luftdruck zunimmt, wird die Druckdose noch mehr zusammengedrückt; nimmt der Luftdruck ab, so dehnt sich die Druckdose wieder aus. Die Deformation der Luftdose wird auf einen Zeiger übertragen, der sich vor einer Skala bewegt, deren Einteilung durch Vergleich mit einem Quecksilberbarometer geeicht wurde.

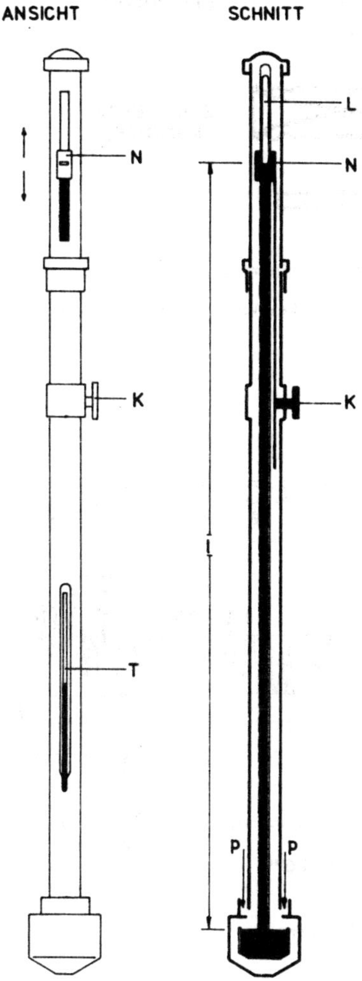

L Luftleerer Raum

N Ablesevorrichtung (Nonius) zur genauen Messung der Länge l

K Bedienungsschraube zum Einstellen des Nonius-Schiebers auf die Quecksilberkuppe

T Thermometer zur Messung der Temperatur des Quecksilbers

P Luftdruck, welcher auf das Quecksilber im Gefäss drückt.

l Quecksilbersäule von der Länge l (auf Meeresniveau etwa 760 mm), welche dem Luftdruck p das Gleichgewicht hält.

Fig. 3.8: Quecksilberbarometer.

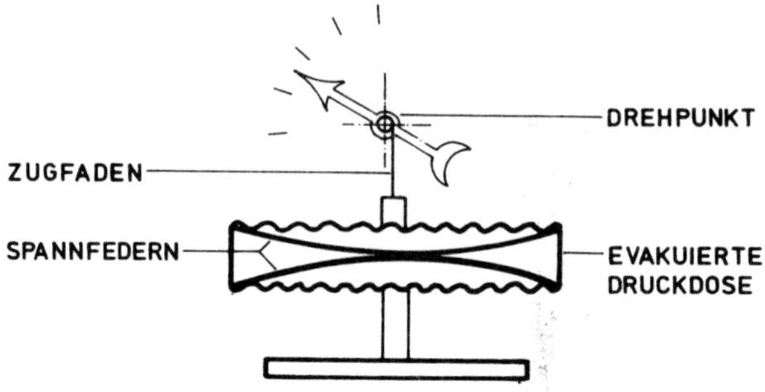

Fig. 3.9: Aneroidbarometer mit innerer Spannfeder.

Um rasche Schwankungen des Druckes, z.B. bei Föhn, zu messen, wird ein Variograph verwendet, der die kurzfristigen Schwankungen anzeigt, die langsamen aber ausgleicht.

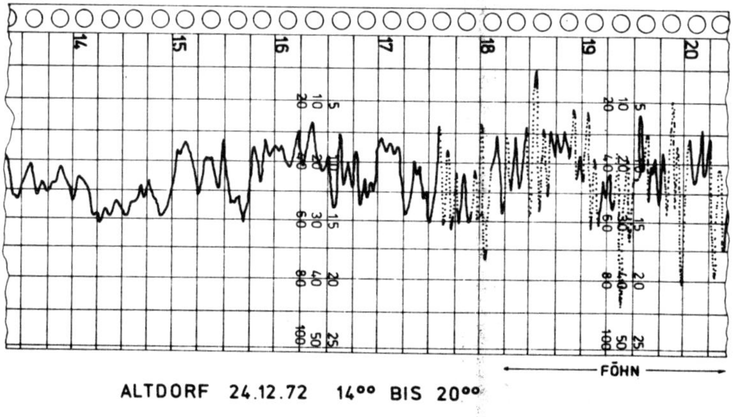

Fig. 3.10: Beispiel eines Variogrammes

3.4 Messung des Windes

Der Wind wird nach seiner Richtung und Stärke bestimmt. Wir verstehen unter Windrichtung diejenige Richtung, aus welcher der Wind kommt. Die Einheit zur Messung der Windstärke (= Windgeschwindigkeit) ist der Knoten.

$$1 \text{ Kn} = 1 \text{ Seemeile/h} = 1.853 \text{ Km/h} = 0.515 \text{ m/s}$$

Das Symbol zur Darstellung des Windes auf den Karten besteht aus einem Längsstrich, der die Windrichtung anzeigt, und angefügten Querstrichen (1 ganzer Querstrich = 10 Knoten) oder ausgefüllter Fahne (1 Fahne = 50 Knoten), welche die Windstärke darstellen.

Fig. 3.11 zeigt die Darstellung eines Nordostwindes von der Stärke von 75 Knoten.

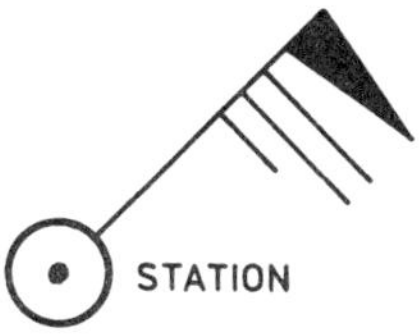

Fig. 3.11: Darstellung einer Windmessung.

Zur Messung der Windstärke und der Windrichtung benützen wir den **Anemographen** (Fig. 3.12): Eine Windfahne dreht sich in die Windrichtung, die Stellung wird auf einem Papierstreifen aufgezeichnet; die Windstärke wird gemessen durch den Druck, den der Wind in einem Pitot-Rohr erzeugt, der Druck wird auf einem Papierstreifen registriert, der direkt in Knoten geeicht ist; oder aus der Rotationsgeschwindigkeit eines Schalenkreuzes durch die eine proportionale Spannung erzeugt wird.

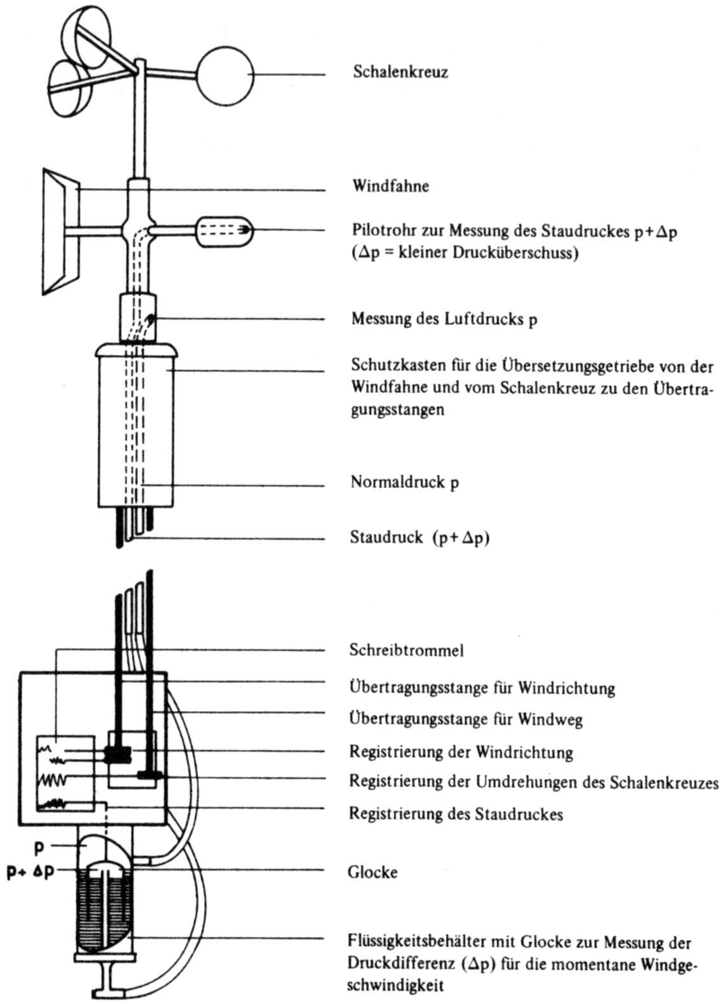

Fig. 3.12: Windmessanlage (Anemograph), Modell Fuess.

Fig. 3.13 zeigt einen Registrierstreifen aus einem Anemographen, welcher nur die Windstärke registriert. Aufgezeichnet ist ein heftiger Föhnsturm in den Rocky Mountains.

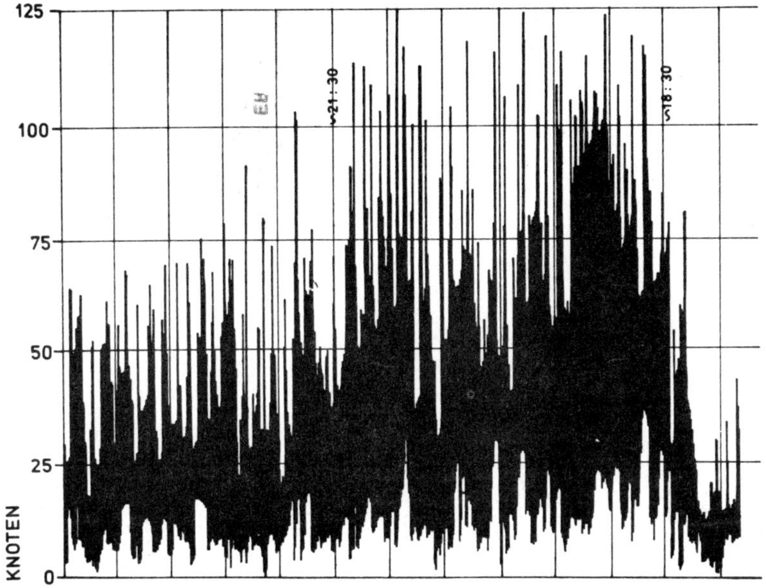

Fig. 3.13: Aufzeichnung eines Anemographen.

3.5 Messung des Niederschlages

Die Niederschlagsmenge wird mit einem Regenmesser, dem sog. **Pluviometer**, festgestellt. Als Messeinheit benützen wir Millimeter Wasserhöhe, wobei 1 mm WH einem Liter Niederschlag pro m^2 entspricht. Hat es geschneit oder gehagelt, so wird der Schnee oder der Hagel vor der Ablesung der Messung geschmolzen. (Dabei entspricht 1 cm Schnee ungefähr 1 mm Wasser.)

Im Pluviometer, einem Gefäss, dessen Form aus Fig. 3.14a ersichtlich ist, werden die Niederschläge gesammelt; die Öffnung des Gefässes, durch welche die Niederschläge eintreten, hat ein ganz bestimmtes Ausmass. Das im Gefäss gesammelte Regenwasser wird zur Messung täglich in ein geeichtes Glas geschüttet, an welchem dann die Niederschlagsmenge in Millimetern abgelesen werden kann. Um Verdunstungen zu vermeiden, wird dem gesammelten Niederschlag Vaselinöl zugesetzt.

Fig. 3.14b zeigt einen **Pluviographen**: ein Pluviometer, das die Niederschlagsmenge automatisch registriert. Ein Schwimmer überträgt die Höhe des Niveaus mechanisch auf einen Schreiber. Erreicht die Wasseroberfläche eine bestimmte Höhe, so entleert sich das ganze Gefäss durch das Heberohr.

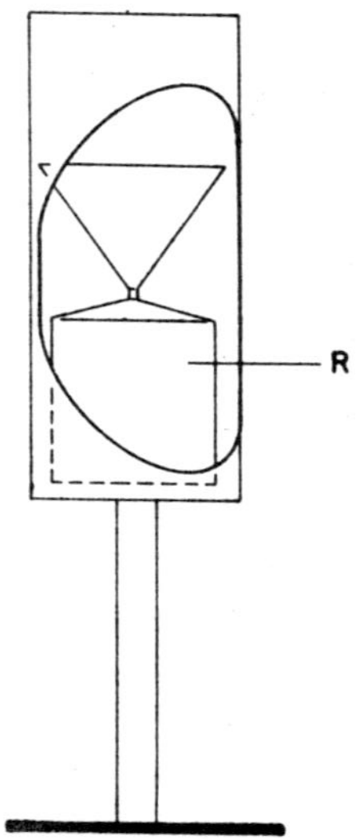

R	Auffanggefäss
T	Registriertrommel, auf welcher der mit S verbundene Schreibstift die Niederschlagsmengen aufzeichnet
S	Gestänge des Schwimmers
F	Zuleitung von Auffanggefäss
G	Zylinder, in welchem der Schwimmer durch das Wasser aus R gehoben wird
H	Heberohr, durch welches der Zylinder entleert wird, sobald er gefüllt ist
B	Behälter

Im Winter wird das Innere des Pluviographen mit Kohlenfadenlampen geheizt, damit der Schnee im Auffanggefäss sofort schmilzt

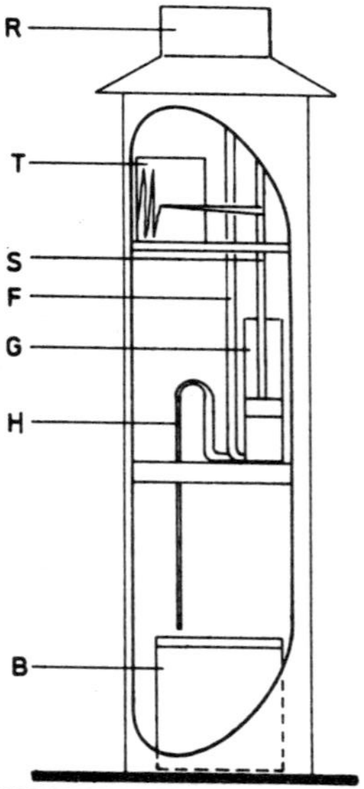

Fig. 3.14: Niederschlagsmessung.

Fig. 3.15 zeigt einen Registrierstreifen aus einem Pluviographen: immer bei ca. 9,5 mm entleert sich das Messgefäss und der Schwimmer beginnt wieder unten zu steigen.

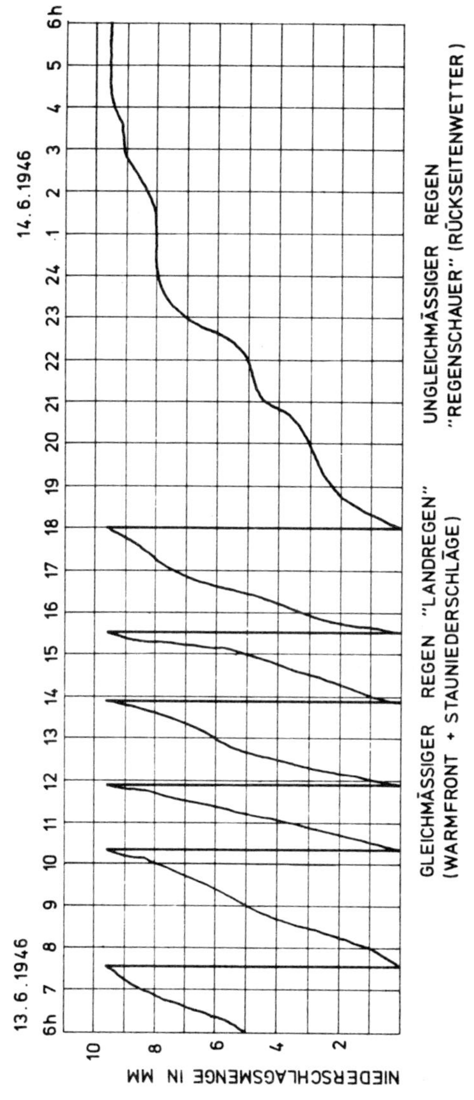

Fig. 3.15: Beispiel einer Niederschlagsregistrierung mit dem Pluviographen.

Die Niederschlagsmenge genau zu messen ist oft viel schwieriger, als gemeinhin angenommen wird. Oft werden die Niederschläge, besonders auf hoch gelegenen Stationen bei Sturm (Säntis), über das Pluviometer hinweggeweht oder der Schnee wird später aufgewirbelt und verfälscht dann nachträglich die Messung.

Fig. 3.16 zeigt zwei Methoden, um solche Messfehler nach Möglichkeit zu vermeiden. In Gebirgsgegenden sind Niederschlagsmessungen nicht nur für die Klimatologie von Bedeutung, sondern auch für den Bau von Stauseen. Man muss sich hier aber mit einer Genauigkeit von 20 – 25 % begnügen. Heute versuchen die Fachleute, die Niederschlagsmenge aus der Dichte der Schneedecke abzuleiten. Im unwegsamen Gelände, wo man nicht täglich ablesen kann, stellt man Niederschlagssammler, sogenannte **Totalisatoren**, auf, die nur halbjährlich oder nur einmal im Jahr abgelesen und geleert werden.

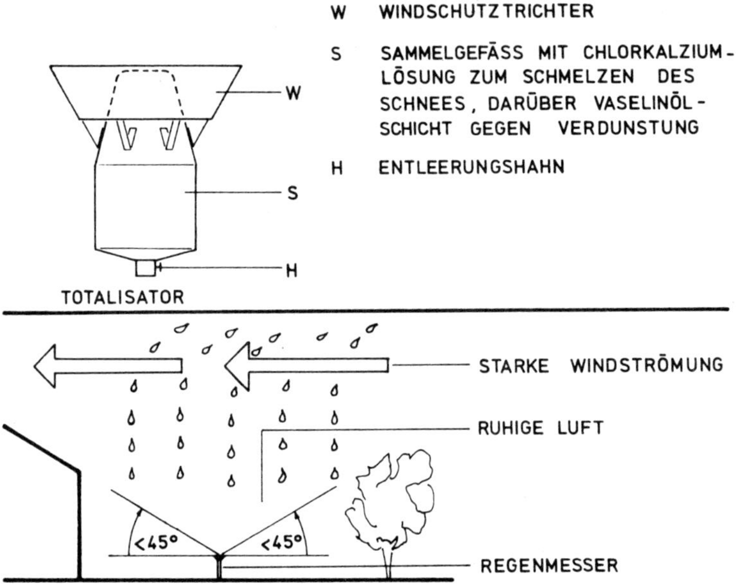

Fig. 3.16: Schutz vor fehlerhaften Niederschlagsmessungen bei Stationen mit häufigen starken Winden.

3.6 Beobachtung der Wolken

Als Bedeckung bezeichnen wir den Anteil der bedeckten in der Gesamtfläche, angegeben in Achteln. Diese Bezeichnung ist unabhängig von der Art der Wolken. Tabelle 3.3 gibt die in den Wetterberichten verwendeten Bezeichnungen.

Bezeichnung	Verhältniszahl
Hell	0 ○
Leicht bewölkt	2 ◔
Bewölkt	4 ◑
Stark bewölkt	6 ◕
Bedeckt	8 ●

Tabelle 3.3: Bezeichnung für die Wolkenbedeckung

Die so angegebene Bedeckung ist noch keine absolute Aussage, denn sie ist noch abhängig von der Art der Wolken: Bei vertikal hohen Wolken wird ein Beobachter unter Umständen eine grössere Bedeckung feststellen als flächenmässig wirklich vorhanden ist (Beobachter A in Fig. 3.17a), oder bei den dünnen, hochliegenden Cirrus-Wolken ist die angegebene Bedeckung relativ gross, gleichwohl kann aber sonniges Wetter herrschen, da die Sonnenstrahlung die dünnen Wolken durchbricht.

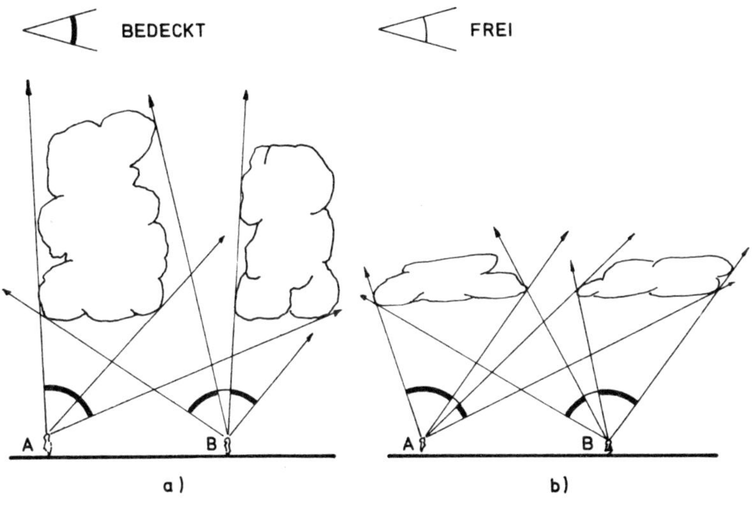

Fig. 3.17: Wolkenbeobachtung bei verschiedenen Wolkenarten
a) Die beiden Beobachter sehen verschiedene Bedeckung
b) Beide Beobachter sehen ungefähr dieselbe Bedeckung.

3.7 Messung der Sonnenscheindauer

Der **Sonnenscheinautograph** (Fig. 3.18) ist ein Instrument zur Bestimmung der Sonnenscheindauer. Durch eine kugelförmige Linse werden die Sonnenstrahlen in einen Brennpunkt fokussiert und verursachen dort auf einem speziell präparierten Papierstreifen eine Schwärzung. Da die Sonne im Laufe des Tages wandert, verschiebt sich auch der Brennpunkt der gebündelten Strahlen den auf dem Streifen aufgedruckten Stundenlinien entlang. Wir können genau Zeit und Dauer des für Pflanzen und Lebewesen so wichtigen Sonnenscheins angeben.

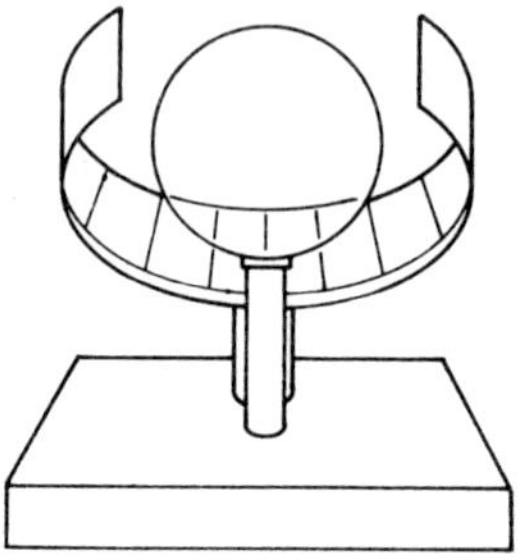

Fig. 3.18: Sonnenscheinautograph.
Registrierapparat. Glaskugel, umgeben von einem Gestell mit eingelegtem Registrierstreifen.

Fig. 3.19 zeigt vier solche Papierstreifen, aufgenommen in Arosa: Am 14.10.65 schien die Sonne ununterbrochen von morgens 8 bis nachmittags 16 Uhr, während am 16.10.65 die Sonne nur mit Unterbrüchen schien.

Diese Art von Messung hat eine relativ schlechte Auflösung, da bei nur kurzen Sonnenscheinintervallen entweder ein zu grosser Fleck geschwärzt wird oder aber überhaupt keine Schwärzung eintritt. Ferner ist die Schwärzungsspur auch abhängig vom Glas der Kugel, da dadurch Strahlen verschiedener Wellenlänge verschieden gut durchgelassen werden.

Zur quantitativen Messung der Sonnenstrahlungsintensität benötigt man ein sogenanntes **Pyrheliometer** oder **Aktinometer**, auf welche wir in dieser Einführungsvorlesung nicht näher eingehen möchten.

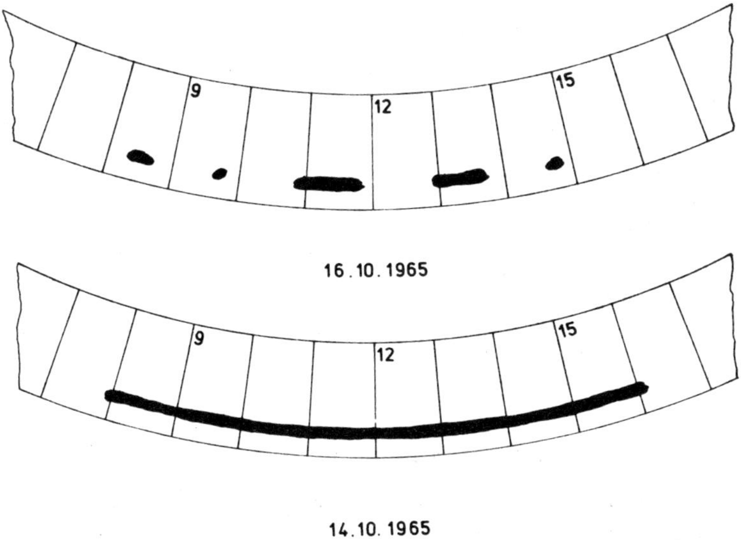

Fig. 3.19: Registrierung eines Sonnenscheinautographen in AROSA.

3.8 Messungen mit Radiosonden

Um den physikalischen Zustand der freien Atmosphäre zu untersuchen, wurden schon früh Methoden entwickelt, um die Messungen in die Höhe zu erstrecken, z.B. mit Drachen. Im Jahre 1900 wurden die ersten Aufstiegsstellen für meteorologische, freie Ballone gegründet. Von diesen Stellen aus liess man Ballone aufsteigen, welche Thermometer, Hygrometer und Barometer mitführten, deren Messwerte auf Papierstreifen registriert wurden. Es galt dann, die zur Erde zurückgefallenen Instrumente zu finden und die registrierten Daten auszuwerten. Der grosse Nachteil dieser Methode war, dass die Auswertung erst durchgeführt werden konnte, wenn die Sonde irgendwo gefunden worden war.

Nach der Erfindung des Kurzwellensenders haben die Meteorologen dann vollautomatische Radiosonden entwickelt, welche ebenfalls mit einem Ballon hochgetragen werden, die Messwerte dann aber während ihres Aufstiegs mit Hilfe eines Senders direkt zur Erde übermitteln.

Die Messung der Temperatur und der Luftfeuchtigkeit wird auf Widerstandsänderungen von Halbleitern, die in einem Schwingkreis liegen, zurückgeführt. Mit der Änderung der Temperatur ändert sich der Widerstand des Halbleiters und damit die Frequenz des Schwingkreises. Die Frequenz dieser Schwingkreise wird dann – wie die Tonfrequenz beim Radio – einer Trägerfrequenz des Senders aufmoduliert; in der Empfangsstation auf der Erde kann dann das Signal demoduliert und die Schwingfrequenz gemessen werden.

Der Aneroid wird ausser zur Messung des Luftdruckes auch dazu benützt, die Reihenfolge der übermittelten Daten zu steuern: sein Zeiger schaltet nämlich durch Kontakte einmal den Temperaturkreis, dann den Feuchtigkeitskreis, dann den Referenzkreis an den Sendern an (Fig. 3.20).

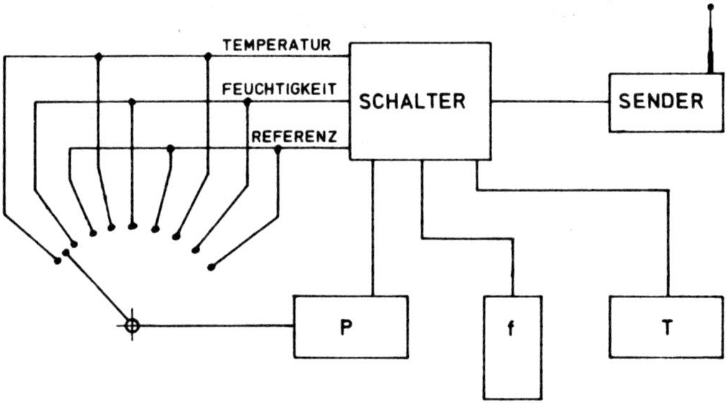

Fig. 3.20: Funktionsschema einer Radiosonde.

Infolge der Abnahme des Druckes mit steigender Höhe wird die ganze Skala des Aneroides durchlaufen und es werden somit die drei Werte periodisch zur Erde übermittelt.

Alle Kontakte wurden im Labor auf einen bestimmten Referenzdruck geeicht, so dass der Beginn der Übertragung einer anderen Messgrösse immer einen bestimmten Luftdruck markiert.

Die Bestimmung der Windstärke und Windrichtung geschieht durch Beobachtung des Aufstiegsweges des Ballons mit **Radar** oder mit Radiotheodoliten, im zweiten Fall muss die jeweilige Höhe des Ballons aus der gemessenen Temperatur - Luftdruck Beziehung abgeleitet werden.

Ein Auswertdiagramm einer Radiosonde ist in Fig. 3.21 dargestellt.

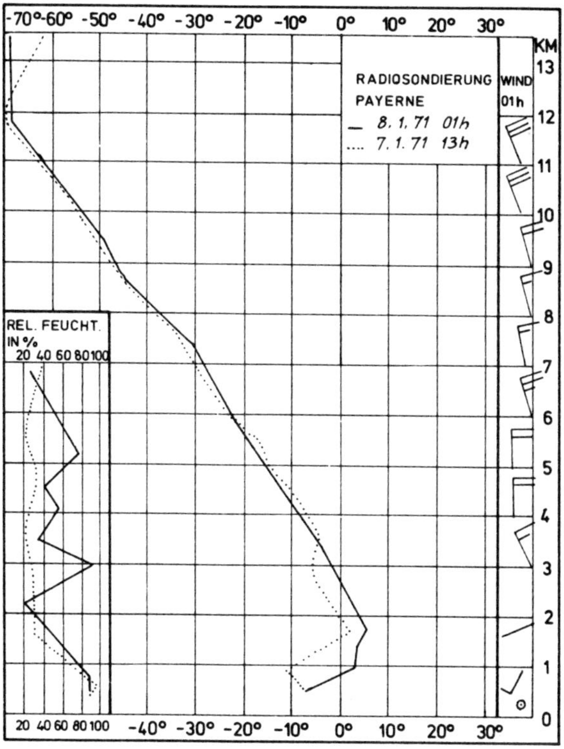

Fig. 3.21: Auswertdiagramm einer Radiosonde.

4. BAROMETERFORMEL

4.1 Barometerformel

Will man eine bestimmte Wettersituation beschreiben, so genügt dazu die Kenntnis eines lokalen Barometerstandes nicht; es ist vielmehr die Angabe der Druckverteilung über einem grösseren Gebiet notwendig.

Die differenzielle Beziehung zwischen Druck und Höhe wird durch eine hydrostatistische Grundgleichung gegeben.

$$dp = -g\rho\, dh \qquad 4.1$$

wobei: g = Erdbeschleunigung [cm/sec^2]

ρ = Dichte [gr/cm^{-3}]

p = Luftdruck [dyn/cm^{-2}]

h = Höhe [cm]

Das negative Vorzeichen in 4.1 rührt daher, dass der Druck mit zunehmender Höhe abnimmt. Es gilt ferner:

$$\rho = \frac{\text{Molekulargewicht}}{\text{Molvolumen}} = \frac{M}{V^*}$$

wobei V^* das Molvolumen darstellt.

Die Integration, die nur in Spezialfällen in geschlossener Form durchgeführt werden kann, führt zur Barometerformel.

4.2 Homogene Atmosphäre $\rho = \rho_o$ = konst.

In Wirklichkeit ist die Atmosphäre natürlich nicht homogen, sondern die Dichte nimmt mit zunehmender Höhe ab. Nehmen wir aber zunächst eine konstante Dichte an um zu berechnen, wie hoch eine solche Atmosphäre sein müsste. Wir integrieren nun Gleichung 4.1 von der Erdoberfläche h = 0 und $p = p_o$ bis zur obersten Stelle der Atmosphäre in der Höhe h = H mit p = o.

$$\int_{p_o}^{o} dp = -\rho_o g \int_o^H dh$$

$$p_o = \rho_o g H$$

Mit der Hilfe der idealen Gaszustandsgleichung kann aus der Beziehung H berechnet werden.

$$p V^* = R^* T \quad \text{und} \quad \rho_o = \frac{M}{V^*}$$

Es ergibt sich

$$H = \frac{R^* T_b}{M g} \simeq 8 \text{ km (für } T_b = 273^o \text{ k).} \qquad 4.2$$

R^* = universelle Gaskonstante pro Mol = $8.31 \cdot 10^7$ [erg. grad^{-1} Mol^{-1}]

T_b = Erdoberflächentemperatur

g = Erdbeschleunigung = 980 [cm sec^{-2}]

M = Molekulargewicht der Luft = 28.9 [g Mol^{-1}]

H nennt man die Höhe der homogenen Atmosphäre.

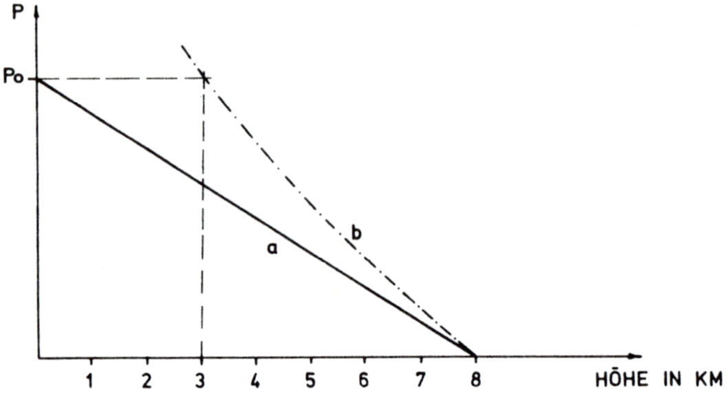

Fig. 4.1: Druckabfall in der homogenen Atmosphäre (a) und in der isothermen Atmosphäre (b).

4.3 Isotherme Atmosphäre T = konstant

Für diesen Fall nehmen wir die Temperatur in der ganzen Atmosphäre als konstant an, obschon wir vom Aufbau der Atmosphäre her wissen, dass diese Annahme nicht zutrifft.

$\overline{T}$ sei die mittlere Temperatur in der ganzen Atmosphäre und wir definieren, in Anlehnung an die Höhe der Homogenen Atmosphäre

$$\overline{H} = \frac{R^* \overline{T}}{M g} \qquad 4.3$$

Im Gegensatz zur Höhe der Homogenen Atmosphäre steht hier nicht die Temperatur an der Erdoberfläche, sondern die mittlere Temperatur $\overline{T}$ der ganzen Atmosphäre; $\overline{H}$ wird scale height genannt.

In die Barometerformel setzen wir dann die ideale Gaszustandsgleichung ein

$$dp = - g \rho \, dh$$

$$dp = - \frac{g M p}{R^* \overline{T}} dh = - \frac{1}{\overline{H}} p \, dh$$

und formen um zu:

$$\frac{dp}{p} = - \frac{dh}{\overline{H}}$$

Integrieren wir dann:

$$p = p_o \, e^{-\frac{h - h_o}{\overline{H}}} \qquad 4.4$$

Die scale height einer isothermen Atmosphäre, $\overline{H}$, ist diejenige Höhe, in welcher der Druck auf einen e-teil des Druckes auf der Erdoberfläche abgesunken ist, während in der Höhe H der homogenen Atmosphäre der Druck auf null abgesunken ist (Fig. 4.1).

4.4 Praktische Anwendung der Barometerformel

4.4.1 Druckreduktion auf Meeresniveau

Messungen von Druck und Temperatur ergeben Grössen von lokaler Bedeutung, die je nach Höhe der Beobachtungsstation sehr unterschiedlich ausfallen. Deshalb werden nach internationaler Abmachung diese Grössen in den synoptischen Wetterkarten auf eine Referenzhöhe, nämlich auf Meeresniveau bezogen. Gemessene Werte sind deshalb auf Meeresniveau zu reduzieren mit Hilfe der durch Integration aus 4.1 hervorgehenden Formel

$$p_O = p\, e^{\frac{h}{\bar{H}_1}} \quad \text{mit } \bar{H}_1 = \frac{R^* T_1}{M g}$$

Für die Temperatur T_1 setzt man normalerweise die Temperatur ein, welche in der Mitte der Luftschicht zwischen Meeresniveau und Beobachtungsstation herrschen würde.

Beispiel:

Es seien in einer 400 m hoch gelegenen Station folgende Werte gemessen worden:
$T = 15^o$ C, p = 980 mb. Für die Temperatur nehmen wir an, dass sie mit 0.6^o C / 100 m abnehme. Dann ist

$$T_1 = T + \frac{0.6}{100} \cdot \frac{h}{2} \quad \text{wo } h = \text{Höhe der Station}$$

$$= 16.2^o \text{ C}$$

$$= 289.2^o \text{ K}$$

Dann wird

$$p_O = 980\, e^{\frac{400 * 9.8 * 28.9 * 10^4}{8.31 * 289.2 * 10^7}} = 1028 \text{ mb}$$

Bemerkung: Die Verwendung dieser Formel zur Reduktion des Luftdruckes ist nur gestattet, wenn $h - h_O << H$ ist. Z.B. kann sie nicht verwendet werden, um den auf dem Säntis (2504 m) gemessenen Barometerstand zu reduzieren, weil die Extrapolation der Stationstemperatur in die darunterliegende Schicht sehr unsicher ist.

4.4.2 Altimeter

Im Flugwesen wird ein auf dem Prinzip von Formel 4.4 funktionierender Höhenmeter (**Altimeter**) verwendet, welcher bei bekannter mittlerer Temperatur aus dem gemessenen Druck die Höhe anzeigen kann. Fig. 4.2 gibt eine Ansicht eines Altimeters, wie es in Flugzeugen Verwendung findet.

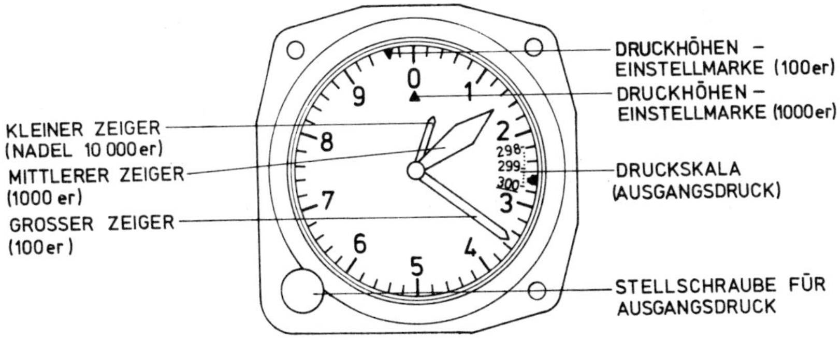

Fig. 4.2: Höhenmesser (Zoll und Fuss)

Ungenauigkeiten dieses Altimeters sind:

a) Man kann den Ausgangsdruck p_0 nicht genau einstellen, da er unmittelbar von der Zeit, in welcher der Altimeter gebraucht wird, abhängig ist.

b) Es ist offensichtlich unmöglich, einen Altimeter zu konstruieren, dessen Skala den Temperaturen der verschiedenen Luftschichten bezüglich geographischer Breite und saisonbedingter Schwankungen Rechnung trägt. Man kann daher nur klimatologische Temperaturen in einer Luftschicht verwenden. Deshalb zeigt der Altimeter im Winter eine zu niedrige Höhe an, denn die scale height $\bar{H}$ ist im Winter kleiner als im Sommer. Ein Optiker, der einen Altimeter anpreist mit der Bemerkung, dieser sei "bezüglich der Temperatur korrigiert", hat also unrecht, denn der Altimeter ist nur für eine mittlere Temperatur gebaut (in $\bar{H}$ in 4.4 geht nach 4.3 die mittlere Temperatur $\bar{T}$ ein!).

4.5 Wetterkarten

Um die Druckverhältnisse in der Atmosphäre auf Wetterkarten darzustellen, verwendet man zwei Methoden: die Isobaren und die Isohypsen.

Definition: Isobaren = Linien gleichen Druckes in konstanter Höhe

Isohypsen = Linien gleicher Höhe auf einer Fläche konstanten Druckes

Die Darstellung einer Druckfläche mit Isohypsen ist genau dasselbe wie die Darstellung eines Gebirges mit Höhenlinien in der Landestopographie. Die Fig. 4.3 und 4.4 veranschaulichen die beiden Methoden der Darstellung.

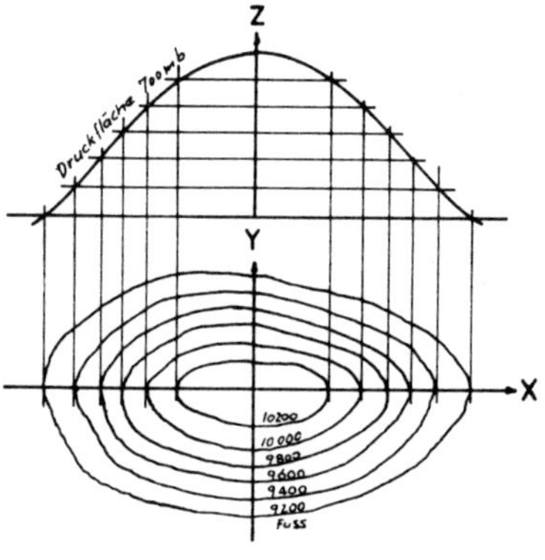

Fig. 4.3: Darstellung einer Druckfläche im Grundriss unter Zuhilfenahme von Isohypsen.

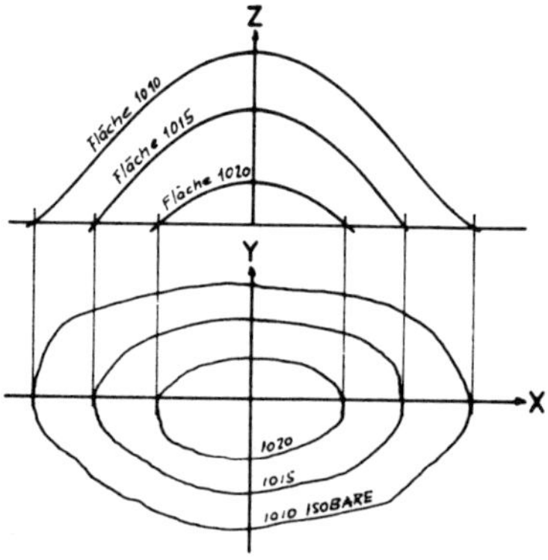

Fig. 4.4: Darstellung einer Druckfläche mit Hilfe von Isobaren.

Auf den Wetterkarten, welche die tägliche Wetterlage darstellen (ein Beispiel ist Fig. 4.5), werden die Druckfelder im allgemeinen mit Isohypsen dargestellt. Auf diese Art wird die Beziehung zwischen Druckverteilung und Wind übersichtlicher. Aus historischen Gründen werden aber ausnahmsweise auch Isobaren verwendet.

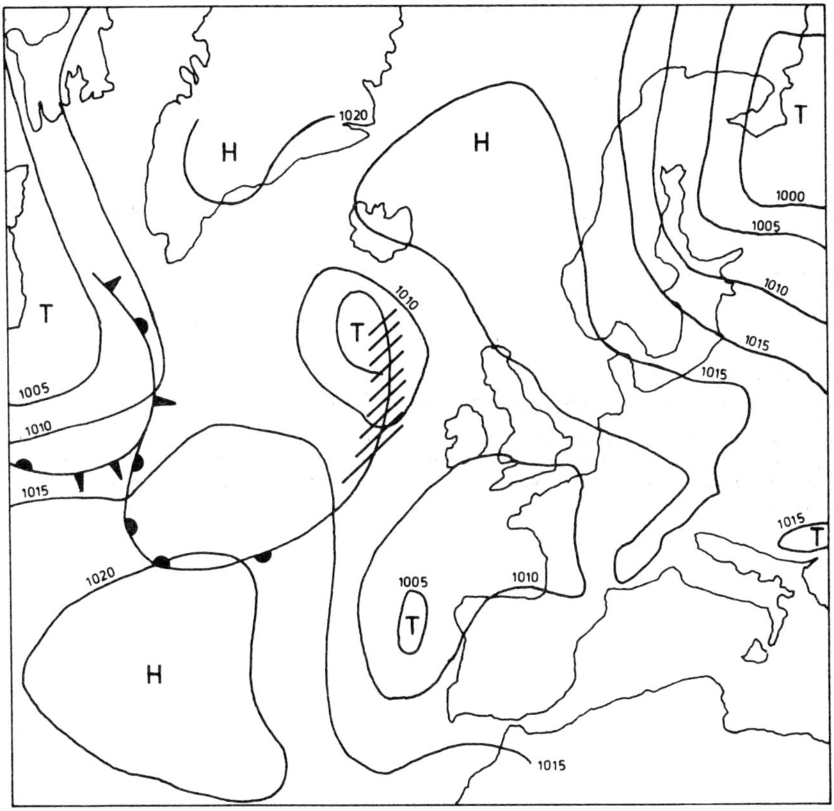

Fig. 4.5: Wetterkarte.

Die Darstellung der Druckfelder mit Hilfe von Isohypsen nennen wir absolute Topographie; als relative Topographie bezeichnet man in der Meteorologie die Darstellung des Vertikalabstandes zweier Flächen gleichen Druckes; dieser Abstand ist umso grösser, je grösser die mittlere Temperatur der zwischen den beiden Druckflächen liegenden Luft ist.

Aus 4.4 wird nämlich durch Auflösen

$$D = h - h_o = \bar{H} \ln \frac{p}{p_o}$$

und mit 4.3

$$\bar{H} = H \frac{\bar{T}}{T_o}.$$

wird

$$D = H \frac{\bar{T}}{T_o} \ln \frac{p}{p_o} \qquad 4.5$$

Die relative Topographie zwischen der 1000- und 500 mb Ebene spielt in der Praxis des täglichen Wetterdienstes eine grosse Rolle.

Als Beispiel setzen wir H = 8 km, $T_o = 273^o$ K, p_o = 1000 mb und p = 500 mb in Gleichung 4.5 ein.

Dann ist

$$D = 5540 \cdot \frac{\bar{T}}{T_o} = 5540 \cdot \frac{273 + \bar{t}}{273} = 5540 + 20\,\bar{t} \qquad 4.6$$

D = Höhendifferenz zwischen den zwei Druckflächen [m]

$\bar{t}$ = mittlere Temperatur der zwischen den Druckflächen liegenden Luftschicht [^{o} C]

Fig. 4.6 zeigt eine relative Topographie 500/1000 mb. Aus 4.6 können wir sofort die mittlere Temperatur in dieser Schicht bestimmen, z.B. hat die Kältezelle mit 556 Dekameter oder 5560 Meter, welche westlich von Portugal liegt, eine mittlere Temperatur $\bar{t}$ = (5560 – 5540) / 20 = 1° C. Dagegen beträgt die mittlere Temperatur über den Alpen $\bar{t}$ = (5760 – 5540) / 20 = 11° C !

Fig. 4.6: Relative Topographie.

5. THERMODYNAMIK

5.1 Erster Hauptsatz der Wärmelehre

Mathematisch ist der erste Hauptsatz der Wärmelehre folgendermassen auszudrücken:

$$dQ = dU + dA \qquad 5.1$$

Hier ist dQ die zugeführte Wärmemenge, dU die Erhöhung der inneren Energie. Die vom Gas verrichtete Arbeit ist dA.

Die bei der Expansion einer Menge Gas geleistete Arbeit ist (Fig. 5.1)

$$dA = K \cdot ds = p \cdot F\,ds = p\,dV^* \qquad 5.2$$

Das Vorzeichen von dA ist positiv, wenn die Arbeit durch das System geleistet wird (gegen äussere Kräfte), negativ wenn das System selbst Arbeit leistet.

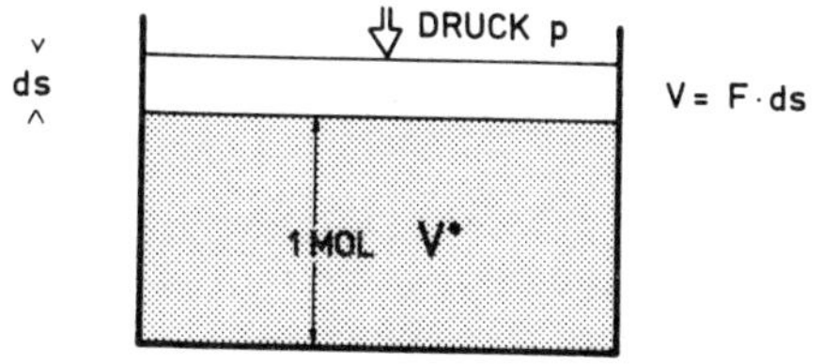

Fig. 5.1:
Zum 1. Hauptsatz.

5.1.1 Spezifische Wärme

Als spezifische Wärme definiert man die Wärmemenge dQ, welche nötig ist, um ein Mol um dT zu erwärmen

$$C \equiv \frac{dQ}{dT}$$

Je nachdem, welche Variablen dabei konstant gehalten werden, unterscheidet man

$$C_v = \left(\frac{\partial Q}{\partial T}\right)_v \qquad \text{bei konstantem Volumen}$$

$$C_p = \left(\frac{\partial Q}{\partial T}\right)_p \qquad \text{bein konstantem Druck}$$

wobei $C_p - C_v = R^*$

Als Beispiel seien die spezifischen Wärmen von O_2 resp. N_2 angegeben:

$$C_v = 5 \text{ cal /Grad Mol}$$

$$C_p = 7 \text{ cal /Grad Mol}$$

Da im allgemeinen Messungen bei konstantem Volumen schwieriger zu realisieren sind als bei konstantem Druck, werden in Gl. 5.1 und 5.2 mit Hilfe der Zustandsgleichung das Volumen durch Druck und Temperatur ausgedrückt:

$$\boxed{dQ = C_p\,dT - R\,T\,\frac{dp}{p}} \qquad 5.3$$

5.2 Adiabatische Vorgänge dQ = 0

Wir untersuchen die Zustandsänderungen eines idealen Gases, bei welchen jede Wärmeaufnahme oder Abgabe verhindert wird; solche Vorgänge werden als adiabatische Vorgänge bezeichnet, d.h. dQ = 0.

5.3 wird bei solchen Zuständsänderungen

$$0 = C_p\, dT - R^*\, T \frac{dp}{p} \qquad 5.4$$

umgeformt

$$\frac{dT}{T} = \frac{R^*}{C_p} \frac{dP}{P} = \kappa \frac{dp}{p} \qquad 5.5$$

wobei $\kappa = R^*/C_p$

und integriert

$$\frac{T}{T_o} = \left(\frac{p}{p_o}\right)^{\kappa}$$

$$T = T_o \left(\frac{p}{p_o}\right)^{\kappa} \qquad 5.6$$

wobei T_o und p_o die Ausgangswerte bei Beginn der Zustandsänderung sind.

5.6 heisst Poisson'sche Gleichung, da sie erstmals von Poisson hergeleitet wurde. Sie zeigt, wie sich die Temperatur, z.B. eines Luftpaketes ändert, wenn adiabatisch der Druck von p_o auf p verändert wird. Insbesondere, so folgt aus der Gleichung, ändert sich die Temperatur nicht proportional zum Druck.

5.2.1 Potentielle Temperatur

Als potentielle Temperatur θ eines Luftpaketes, definieren wir diejenige Temperatur, die es erreichen würde, wenn es trockenadiabatisch auf dem 1000 mb-Niveau verschoben würde.

Nach der Poisson'schen Gleichung 5.6 ist diese Temperatur gegeben durch

$$\theta = T\left(\frac{1000}{p}\right)^{\kappa} \qquad 5.8$$

5.2.2 Lapse-Rate bei adiabatischen Vorgängen in trockener Luft

Wir untersuchen z.B. die Luftströmung über den Alpen (Föhn) als adiabatischen Vorgang. Der Vorgang kann deshalb als adiabatisch betrachtet werden, weil er relativ rasch vor sich geht, so dass die Luft keine Wärme z.B. an den Boden abgeben kann. Für diesen Fall hätten wir gerne eine Formel, welche eine Beziehung zwischen der Temperatur und der Höhe eines Luftpaketes herstellt.

Mit der Barometerformel 4.1 in 5.5 eingesetzt, wird

$$C_p\, dT = R\, T \frac{dp}{p} = -R\, T \frac{g\rho}{p}\, dh = -V^* g \rho\, dh$$

und da

$$\rho = \frac{M}{V^*}$$

folgt

$$\frac{dT}{dh} = -\frac{M g}{C_p} \qquad 5.7$$

M = Molekulargewicht der Luft = 28.9 $[g\ Mol^{-1}]$

g = Gravitationsbeschleunigung = 980 $[cm\ s^{-2}]$

C_p = Spezifische Wärme bei konstantem Druck = 7 $[cal\ Mol^{-1}\ grad^{-1}]$

Die Grösse $\gamma_t = \frac{-dT}{dh}$ definieren wir als trockene (keine Kondensationsvorgänge) Lapse-rate. Mit Hilfe des Umrechnungsfaktors 1 cal = 4.19 · 10^7 erg errechnet sich γ_t zu

$$\gamma_t = -\frac{28.9 * 980}{7.0 * 4.19 * 10^7} = -0.973\,[\frac{\text{grad}}{100\text{ m}}] \approx 1^\circ/100\text{ m}$$

γ_t ist eine Konstante, d.h. unabhängig von anderen Wetterelementen.

Betrachten wir nun ein isoliertes Luftpaket, das sich in einer Umgebung befindet, in welcher $\gamma < \gamma_t$ ist. Das Luftpaket sinke ab, wobei es sich um 1 grad/100 m erwärmt (Fig. 5.2) In der neuen Umgebung hat es, da der Druckausgleich mit der Umgebung sofort erfolgt, eine geringere Dichte als die Umgebung. Mit anderen Worten, es hat also eine höhere Temperatur als die Umgebung. Es steigt wieder auf bis zur Ausgangshöhe. Steigt es weiter auf, wird es dichter und sinkt wieder ab. Bei dieser Temperaturschichtung der umgebenden Atmosphäre kehrt das Luftpaket immer wieder in seine Ausgangslage zurück. Man sagt deshalb, die Atmosphäre sei in Bezug auf Vertikalbewegungen in diesem Falle "stabil" geschichtet.

Umgekehrt ist es, wenn in der freien Atmosphäre $\gamma = \gamma_t$ ist. Wird ein Luftpaket aus seiner Anfangshöhe nach unten herausgebracht – Anstösse sind in der turbulenten Atmosphäre immer vorhanden – so kommt es in der neuen Umgebung dichter als die umgebende Luft an, es sinkt beschleunigt weiter. Entsprechend ergibt sich ein beschleunigtes Aufsteigen, wenn das Luftpaket nach oben aus seiner Ausgangslage herausgebracht wird. Deshalb nennt man diese Temperaturschichtung der umgebenden Luft in Bezug auf Vertikalbewegungen "labil".

Ist $\gamma = \frac{dT}{dh}$ eines Luftpaketes gerade gleich γ_t, so sagen wir, die Atmosphäre sei (in Bezug auf Vertikalbewegungen) "indifferent".

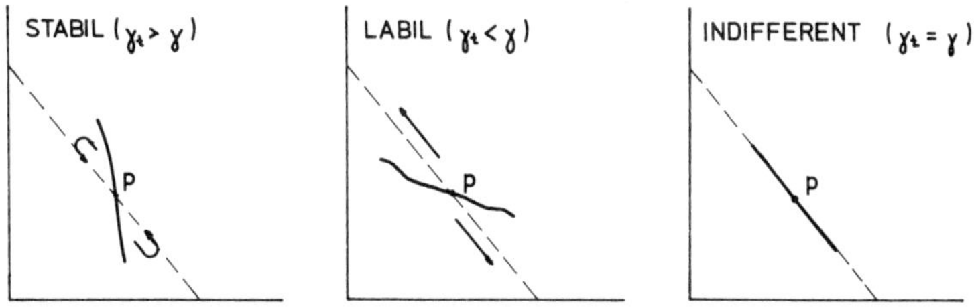

Fig. 5.2: Stabilität der Atmosphäre: Vergleich von gemessener (ausgezogener Kurve) und trockener Lapse-rate.

5.2.3 Graphische Darstellung der adiabatischen Zustandsänderung

Eine häufig verwendete Art, die Adiabaten, d.h. die Funktion 5.6 graphisch darzustellen, ist das Emagramm (Fig. 5.3) mit der Koordinaten t und ln(p). In einer isothermen Atmosphäre ist h = R · ln(p); in der wirklichen Atmosphäre ist die Beziehung nicht exakt erfüllt; die Ordinate entspricht nur näherungsweise einer Höhenskala.

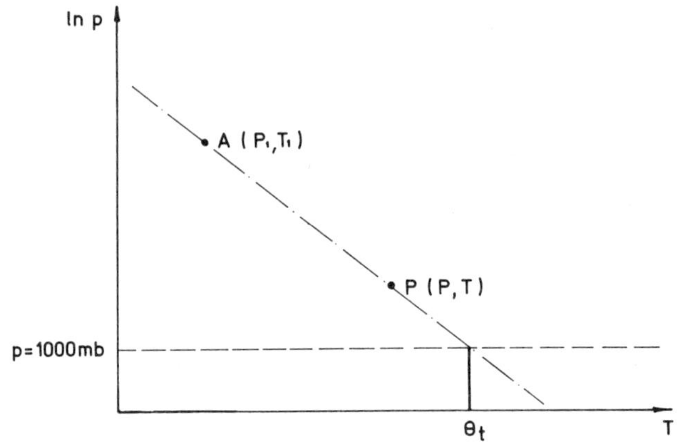

Fig. 5.3:
Emagramm.

Ein Luftpaket im Punkte P habe die Temperatur T und es herrsche dort der Druck p; seine potentielle Temperatur ist

$$\theta = T\left(\frac{1000}{p}\right)^{\kappa}$$

Steigt das Luftpaket zum Punkt A auf, so wird seine Temperatur nach 5.6

$$T_1 = T\left(\frac{p_1}{p}\right)^{\kappa}$$

dann ist seine potentielle Temperatur

$$\theta_1 = T_1\left(\frac{1000}{p_1}\right)^{\kappa} = T\left(\frac{p_1}{p}\,\frac{1000}{p_1}\right)^{\kappa} = T\left(\frac{1000}{p}\right)^{\kappa}$$

und es ist $\theta_1 = \theta$, d.h.: Für adiabatische Vorgänge bleibt die potentielle Temperatur konstant.

5.3 Feuchte Luft

Vereinigen wir in einem geschlossenen Gefäss trockene Luft und Wasser, so wird das Wasser bei konstant gehaltener Temperatur T teilweise verdunsten. Den Partialdruck des in der Luft vorhandenen Wasserdampfes bezeichnen wir als Dampfdruck e.

Die Verdunstung hält an. bis ein Gleichgewichtszustand erreicht ist, so dass für jede verdunstende Wassermenge eine gleiche Menge Dampf sich wiederum verflüssigt. In diesem Moment haben wir den maximalen Dampfdruck e_s für eine bestimmte Temperatur T erreicht. Die Luft ist mit Wasserdampf gesättigt. e_s ist eine Funktion nur der Temperatur allein; ihr Verlauf ist in Fig. 5.4 dargestellt.

Die Menge des in der Luft enthaltenen Wasserdampfes wird mit Hilfe des Dampfdruckes e angegeben. Als relative Feuchtigkeit definieren wir das Verhältnis

$$f = \frac{e}{e_s}\,100 \qquad 5.9$$

Sie gibt die Menge des vorhandenen Wasserdampfes in Prozenten derjenigen Menge, welche nach der Dampfdruckkurve bei dieser Temperatur maximal vorhanden sein könnte.

Beispiel:

Ein Luftpaket A habe die Temperatur 25° C und den Dampfdruck e = 16 mb. Wir wollen jetzt die relative Feuchtigkeit f bestimmen. Bei der Temperatur T_A = 25° C lesen wir aus Fig. 5.4 den Sättigungsdruck e_s = 31.7 mb im Punkt B ab.

Damit ist
$$f_A = \frac{16}{31.7} \; 100 = 50.5\,\%$$

Zur Erreichung der Sättigung der Luft mit Wasserdampf gibt es zwei Methoden:

a) Man erhöht die Wasserdampfmenge in der Luft solange, bis der Dampfdruck den Wert e_s = 31.7 mb im Punkt B erreicht hat.

b) Man kühlt die Luft (isobar, d.h. ohne Druckänderung) bis zur Temperatur T_d im Punkt C ab, in welchem der Sättigungsdampfdruck und der herrschende Dampfdruck gleich sind, dann ist die relative Feuchtigkeit f_c = 100 %. T_d nennt man den Taupunkt, weil beim weiteren Abkühlen Wasserdampf aus der Luft kondensieren müsste. Die Taubildung entspricht in der Natur diesem physikalischen Vorgang.

Definition:

Der Taupunkt T_d ist die Temperatur auf der Sättigungsdampfdruckkurve, die bei isobarer Abkühlung erreicht wird.

Der Taupunkt ist (siehe Fig. 5.4) unabhängig von der Ausgangstemperatur im Punkt A; er ist nur abhängig vom Dampfdruck e. Jetzt führen wir eine Taupunktdifferenz t ein, vermöge

$$\Delta t = T_A - T_d. \qquad 5.10$$

Diese ist von der Ausgangstemperatur abhängig.

In unserem Beispiel beträgt die Taupunktdifferenz Δt = 11° C.

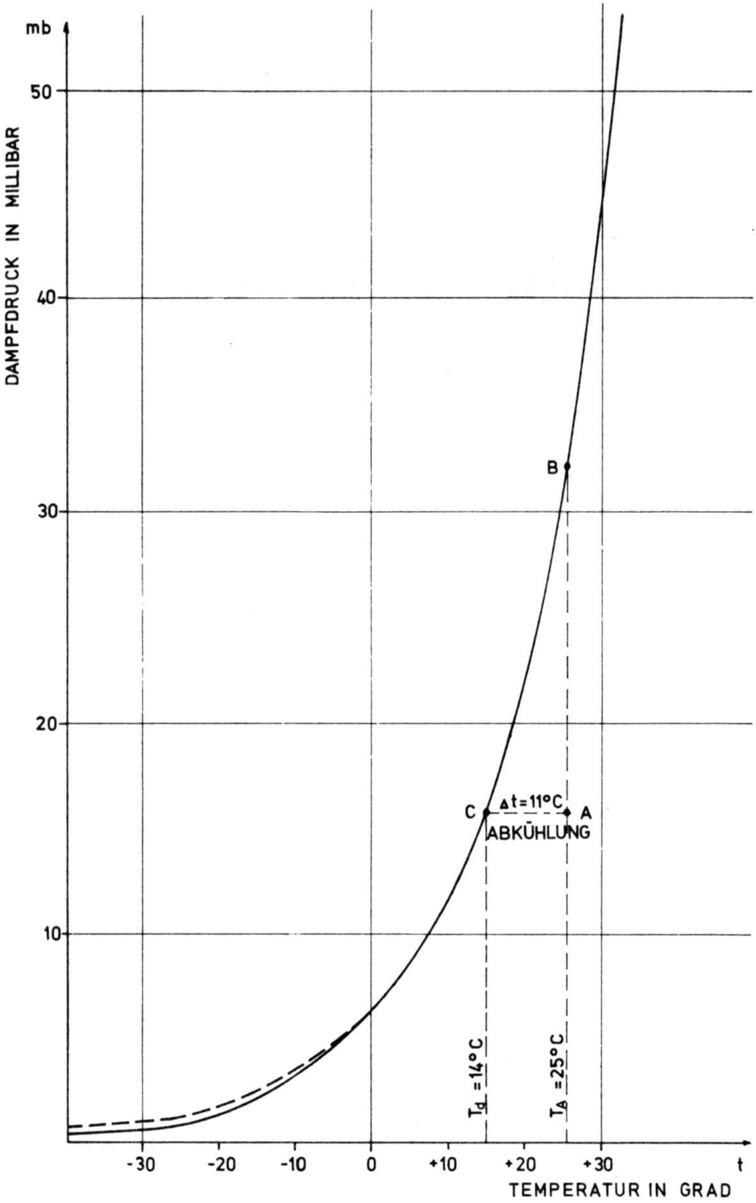

Fig. 5.4: Dampfdruckkurve, Sättigungsdruck von Wasserdampf als Funktion der Temperatur.
Gestrichelte Kurve: Dampfdruck über unterkühltem Wasser. Dieser ist etwas höher als derjenige vom Eis.

5.4 Mischungsverhältnis w

Das Mischungsverhältnis w definiert die Menge Wasserdampf, gemessen in g pro kg trockene Luft.

$$w \equiv \frac{m_W}{m_L} \qquad 5.11$$

Steigt oder sinkt die Luftmasse ohne Kondensation, so ändert sich das Mischungsverhältnis nicht, im Gegensatz zur relativen Feuchtigkeit, die sich mit der Temperatur ändern kann. Mit Hilfe der Zustandsgleichung für ideale Gase können wir 5.11 auch umformen:

Für n Mole eines Stoffes lautet die Zustandsgleichung

$$p\,V = n\,R\,T$$

Für die Masse m_W von Wasserdampf gilt also:

$$e\,V = \frac{m_W}{M_W}\,R\,T \qquad 5.12$$

und analog für die trockene Luft:

$$(p-e)\,V = \frac{m_L}{M_L}\,R\,T \qquad 5.13$$

Da V, T und R in beiden Gleichungen dieselben sind, wird daraus

$$w = \frac{m_W}{m_L} = \frac{e}{p-e}\,\epsilon \qquad 5.14$$

wobei

p = totaler Luftdruck = trockener Luftdruck + Dampfdruck = $p_t + e$

$$\epsilon = \frac{\text{Molekulargewicht von Wasserdampf}}{\text{Molekulargewicht von trockener Luft}} = \frac{18.0}{28.9} = 0.625$$

Da $e \ll p$, gilt annähernd für 5.14 auch

$$w \simeq \frac{e}{p}\,\epsilon \qquad 5.15$$

Da der maximale Druck von Wasserdampf der Sättigungsdruck e_s ist, folgt mit 5.15 natürlich auch ein maximales Mischungsverhältnis w_s

$$w_s \simeq \frac{e_s}{p}\,\epsilon = \frac{e_s}{p}\,0.625 \qquad 5.16$$

Das Mischungsverhältnis w ist also vom Druck p und über e_s vor allem von der Temperatur abhängig.

5.5 Allgemeines über die Kondensation infolge Abkühlung

5.5.1 Isobare Abkühlung

Die isobare Abkühlung ist kein adiabatischer Vorgang; das Luftpaket gibt nämlich seine Wärme an die Umgebung ab. Wie bereits oben erwähnt, beruht die Tau- und Nebelbildung auf diesem Prozess bei nächtlicher Abkühlung des Bodens und der unmittelbar angrenzenden Luftmassen durch Ausstrahlung.

5.2 Mischung von zwei Luftmassen

'ir nehmen z.B. an, dass eine gesättigte, kalte Luftmasse und eine gesättigte, warme Luftmasse sich im Verhältnis :1 mischen.

)ie Temperatur und das Mischungsverhältnis der beiden Luftmassen sei 10.5° C und 0.5° C, resp. 8 g/kg und 4 g/kg.)er Druck, bei welchem die Vermischung stattfindet, sei p = 1000 mb. Die vermischte Luftmenge hat dann die Tem-)eratur 5.5° C und das Mischungsverhältnis 6 g/kg.

Nach 5.16 ist aber bei diesem Druck das maximale Mischungsverhältnis ω_S = 5.7 g/kg, d.h. die Mischung ist übersättigt und es wird zur Kondensation kommen. Dieses Verhalten beruht auf der konkaven Krümmung der Dampfdruckkurve (Exponentialterm).

Dieser Vorgang kann zu Nebelbildung, z.B. an einer Küste, führen, wenn warme Luft, die einen langen Weg über den Ozean hinter sich hat und somit eine hohe Feuchtigkeit besitzt, sich mit der kalten Luft über dem Kontinent mischt. Der Vorgang führt nicht zu merklichen Niederschlägen.

5.5.3 Abkühlung durch adiabatische Expansion

Nennenswerte Niederschläge können nur durch diesen Vorgang ausgelöst werden: Wird ein Luftpaket angehoben, so bewegt es sich auf einer Adiabaten und kühlt sich ab. Geht die Abkühlung bis zur Sättigung, so erfolgt Kondensation, d.h. Nebel- oder Wolkenbildung. Ursache für eine Hebung eines Luftpaketes sind:

a) Eine Bodenerhebung, welche den darüber wegströmenden Wind zum Aufsteigen zwingt.

Fig. 5.5 Einwirkung der Bodenerhebung

b) Aufgleiten warmer Luft über kalte (Warmfront): wirkt wie eine Bodenerhebung

Fig. 5.6 Einwirkung der Fronten

Beide Fälle sind in ihren Auswirkungen ähnlich, sie führen zu langen und gleichmässigen Niederschlägen (Landregen). Im Fall a) nennt man sie orographische Niederschläge.

c) Abhebung warmer Luft durch (Kaltfront) meist unregelmässige Niederschläge, da häufig mit den unter d) aufgeführten Vorgängen kombiniert.

d) Konvektion: Ein Luftpaket, das wärmer als seine Umgebung ist, steigt auf. Die durch diese thermischen Aufwinde entstehenden Wolken nennt man Cumuluswolken. Dieser Vorgang ereignet sich besonders an Nachmittagen und Abenden im Sommer. Cumuli bleiben auf ein bestimmtes Gebiet beschränkt, während Wolkenbildung aufgrund der Vorgänge a), b) und c) über weite Gebiete verteilt sein können.

5.6 Zustandsänderungen von Wasser

Durch bestimmte Übergänge kann das Wasser von einem Zustand in einen anderen übergehen. Sie lassen sich wie folgt definieren:

a) Die Kondensation:
Übergang vom gasförmigen zum flüssigen Zustand.

b) Die Verdunstung:
Übergang vom flüssigen zum gasförmigen Zustand.

Die Verdunstungs- und Kondensationswärme, die es braucht, um ein Gramm Wasser zur Verdunstung zu bringen, bzw. die frei wird, wenn ein Gramm Wasser kondensiert, beträgt bei 0° C 597 Kalorien.

c) Das Gefrieren:
Übergang vom flüssigen zum festen Zustand.

d) Das Schmelzen:
Übergang vom festen zum flüssigen Zustand.

Jedes Gramm schmelzendes Eis verbraucht 80 Kalorien; die so aufgenommene Wärme wird als Schmelzwärme bezeichnet. Umgekehrt aber werden durch die Umwandlung des Wassers in Eis pro Gramm 80 Kalorien frei. Diese freiwerdende Wärme bezeichnet man als Gefrierwärme.

d) Die Sublimation:
Direkter Übergang vom festen zum gasförmigen Zustand. Den umgekehrten Vorgang bezeichnet man, wenig präzise, ebenfalls als Sublimation. Wir bezeichnen die erforderliche Wärmemenge, die man einem Gramm Eis zuführen muss, um es in Dampf zu verwandeln, als Sublimationswärme. Die gleiche Wärmemenge wird beim direkten Übergang von Dampf zu Eis wieder frei. Die Sublimationswärme ist gleich der Schmelzwärme plus der Verdunstungswärme (597 + 80 = 677 Kalorien).

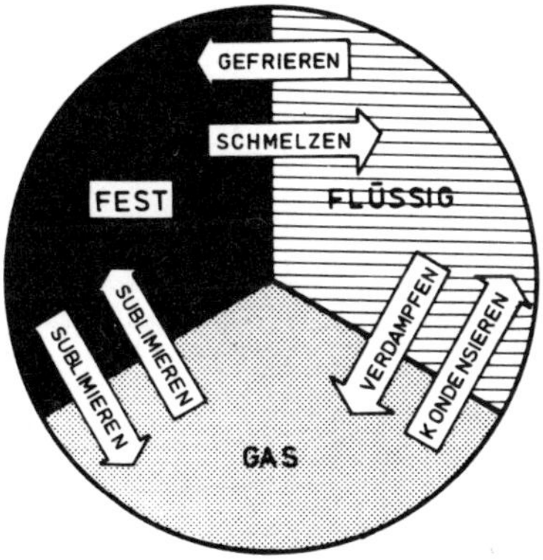

Fig. 5.7:
Zustandsänderungen von Wasser.

Bemerkung: Sauberes Wasser kann auf eine Temperatur von weit unter 0° C, d.h. bis -40° C, abgekühlt werden, ohne dass es dabei gefriert. Wir bezeichnen diesen instabilen Zustand als Unterkühlung.

Es ist klar, dass die totale Wärmemenge, welche notwendig ist um z.B. ein Stück Eis von -40° C zu schmelzen, von der Ausgangstemperatur abhängig ist. Die Schmelzwärme ist aber definitionsgemäss nur diejenige Wärmemenge, die den Übergang fest – flüssig bei $T = 0^{\circ}$ C bewirkt.

5.7 Feuchtadiabatische Vorgänge

Bei einem trockenen adiabatischen Prozess gilt

$$dQ = 0 = C_p\, dT - V\, dp \tag{5.17}$$

In feuchter Luft aber ist bei Kondensation des Wasserdampfes dQ nicht null, sondern es wird die Kondensationswärme

$$dQ = -L\, dw_s$$

an die Umgebung abgegeben.

Für feucht-adiabatische Prozesse gilt daher:

$$-L\, dw_s = C_p\, dT - V\, dp \tag{5.18}$$

Nach einigem Umrechnen erhält man aus dieser Gleichung die feucht-adiabatische Lapse-rate γ_s (näherungsweise)

$$\gamma_s = \gamma_t \frac{1 + \dfrac{L w_s}{R^* T}}{1 + \dfrac{\epsilon L^2 w_s}{C_p R^* T^2}} \tag{5.19}$$

γ_s ist keine Konstante wie γ_t, sondern über w_s von Druck und Temperatur abhängig. Die Tabelle 5.1 gibt einige Werte von γ_s für verschiedene Temperaturen und Drucke. Dabei stehen unterhalb der "Diagonalen" rein theoretische Werte, denn Drucke von z.B. 500 mb kommen bei höheren Temperaturen (z.B. + 10° C, + 20° C) nicht vor.

p[mb] / T[°C]	1000	700	500
−30	0.92	0.90	0.87
−20	0.86	0.82	0.78
−10	0.77	0.71	0.64
0	0.65	0.58	0.51
+ 10	0.53	0.46	0.40
+ 20	0.43	0.37	0.33

Tabelle 5.1: Feuchtadiabatische Lapse-rate in Grad / 100 m.

5.8 Pseudopotentielle Temperatur θ_e

Wie die potentielle Temperatur θ definieren wir eine pseudopotentielle Temperatur θ_e. Es ist diejenige Temperatur, die erreicht wird, wenn ein Luftpaket bis zur Kondensation allen darin enthaltenen Wasserdampfes gehoben und darauf trockenadiabatisch auf 1000 mb komprimiert wird.

Die Definition sei erläutert anhand eines Beispiels dargestellt in einem Adiabatendiagramm, Fig. 5.8. Ein Luftpaket befinde sich im Zustand p_0, T_0 (Punkt A). Ist es trocken, so wandert es bei einer Kompression auf einer Trockenadiabaten nach A' und erreicht dort seine potentielle Temperatur θ.

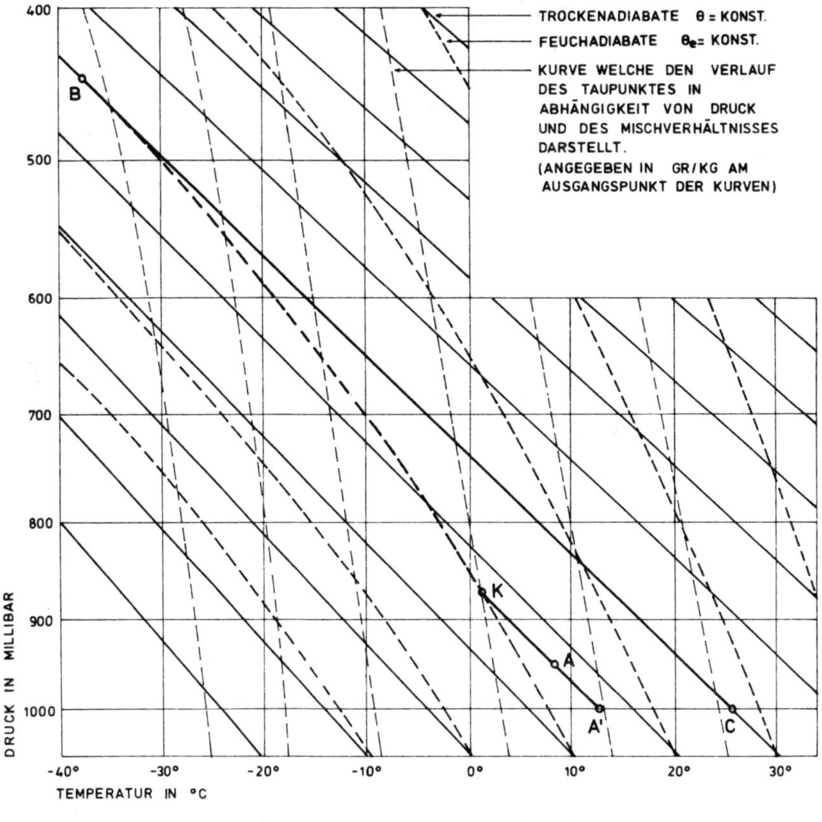

Fig. 5.8: Adiabatenpapier (Emagramm)

Das Luftpaket expandiert zunächst auf einer Trockenadiabaten, bis es in Kondensationshöhe K erreicht, und dann expandieren wir es auf einer Feuchtadiabaten, bis es im Punkt B keinen Wasserdampf mehr enthält. Jetzt komprimieren wir das trockene Luftpaket auf 1000 mb. Dabei wandert es entlang einer Trockenadiabaten nach C und erreicht dort die pseudopotentielle Temperatur θ_e.

θ_e ist also die pseudopotentielle Temperatur des Luftpaketes in A, θ seine potentielle Temperatur.

θ_e ist bei feucht- und trockenadiabatischen Vorgängen konstant.

Es sei darauf hingewiesen, dass dieses Beispiel approximativ die Vorgänge bei Föhn charakterisiert; feuchte Luft wird durch Gebirge gehoben und expandiert. Die nun ausgetrocknete Luft wird beim Herunterfliessen auf der anderen Seite der Gebirgskette wieder komprimiert, erreicht dabei eine höhere Temperatur und infolgedessen relative Feuchtigkeit um 30%.

5.9 Verdunstung

Der umgekehrte Vorgang zum Niederschlag ist die Verdunstung. Voraussetzung dazu ist nach 5.3, dass $T_d < T$ oder $f < 100\,\%$ oder $e < e_s$. Der Verdunstungsprozess wird dann so lange vor sich gehen, bis $e = e_s$ ist.

Die Verdunstung findet immer an einer Grenzfläche zwischen einem feuchten Medium und der Atmosphäre statt, z.B. auf dem Meeresspiegel, auf dem Erdboden, auf der Oberfläche von Pflanzen (Blätter), unter Umständen im Bereich von Wolken. Diese Verdunstungsfläche ist im allgemeinen sehr gross: als Beispiel sei die Vegetationsschicht (alle Bäume, Sträucher und Gräser) erwähnt.

Bei ruhiger Atmosphäre über einer nassen Oberfläche kann sich eine relativ dünne Sättigungsschicht bilden, die dann eine weitere Verdunstung verhindert (Fig. 5.9). Die Bildung dieser Schicht hängt von der Luftbewegung ab, bei Turbulenz kann eine solche Schicht nicht zustande kommen.

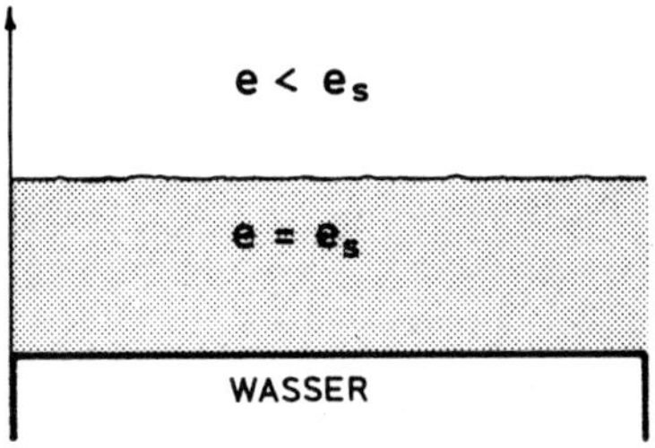

5.9:
Sättigungsschicht über einer Wasseroberfläche.

Mit Hilfe einer semiempirischen Formel lässt sich die Verdunstung E (cm^3 Wasser pro Stunde und pro Flächeneinheit) bei der Bildung einer solchen Schicht beschreiben.

$$E = C_h \cdot u \cdot (e_w - e_h) \qquad 5.20$$

Dabei sind:

e_w = Dampfdruck auf der Wasseroberfläche (mb)

e_h = Dampfdruck oberhalb der Grenzfläche der Sättigungsschicht (mb)

u = Windgeschwindigkeit; darf nicht gross sein! [cm/sec]

C_h = eine empirische Konstante, welche von der Höhe der Windmessung und von der Beschaffenheit der Verdunstungsfläche (Wasser, Strasse, Vegetationsschicht) abhängt.

Die Formel 5.20 ist relativ gut anwendbar für die Meeresoberfläche in subtropischen Gebieten, wo es wenig Wolken gibt, das Meer ruhig und die Luft relativ trocken ist.

5.10 Stabilität der Atmosphäre

Definition: Unter Kondensationsniveau verstehen wir diejenige Höhe, bei der ein aufsteigendes Luftpaket eine relative Feuchtigkeit von 100 % erreicht, wo also beim weiteren Aufstieg die Kondensation des Wasserdampfes beginnt.

5.10.1 Stabilität unterhalb der Kondensationsbasis

In diesem Bereich bewegt sich ein Luftpaket wie in Abschnitt 5.2.1 beschrieben. Wir unterscheiden dort

1) $\gamma < \gamma_t$ trockene stabile Atmosphäre

2) $\gamma = \gamma_t$ trockene indifferente Atmosphäre

3) $\gamma > \gamma_t$ trockene labile Atmosphäre

5.10.2 Stabilität oberhalb der Kondensationsbasis

Die aufsteigende Luft kühlt sich in diesem Bereich feucht-adiabatisch ab, da dauernd Kondensationswärme frei wird. Mit derselben Überlegung wie oben unterscheidet man:

1) $\gamma < \gamma_s$ feucht-stabile Atmosphäre

2) $\gamma = \gamma_s$ feucht-indifferente Atmosphäre

3) $\gamma > \gamma_s$ feucht-labile Atmosphäre

Gesamthaft unterscheiden wir danach aufgrund der verschiedenen Neigungen der Trocken- bzw. Feuchtadiabaten:

1) Absolute Stabilität $\gamma < \gamma_s < \gamma_t$

2) Absolute Instabilität $\gamma > \gamma_t > \gamma_s$

3) Feuchtlabilität $\gamma_t > \gamma > \gamma_s$

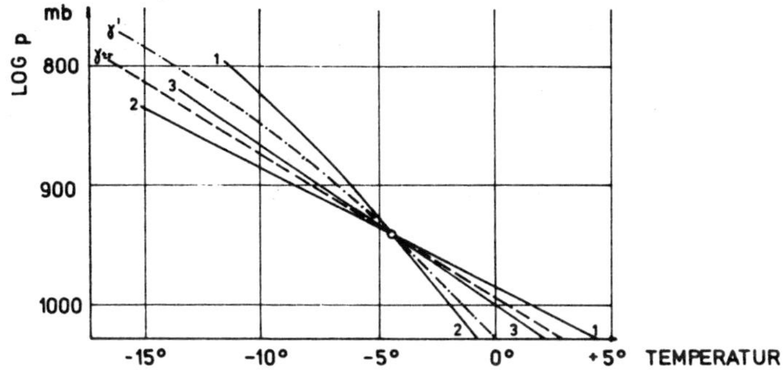

Fig. 5.10
Darstellung der drei verschiedenen Hauptfälle der Stabilität (1 = absolute Stabilität, 2 = absolute Instabilität, 3 = Feuchtlabilität oder bedingte Instabilität). Gestrichelte Linie = Trockenadiabate, strichpunktierte Linie = Feuchtadiabate.

5.10.3 Wolkenbildung in instabiler Atmosphäre

Durch eine Sondenmessung werde am Morgen der durch die ausgezogene Kurve in Fig. 5.11 dargestellte Zustand der Atmosphäre – mit T_1 am Erdboden – festgestellt.

Während des Tages wird die Luft in Bodennähe erwärmt und der untere Teil der Zustandskurve verändert sich entsprechend: strichpunktierte Linie. Dadurch wird $\gamma > \gamma_t$, d.h. die Luftschicht wird instabil und die Luftmassen steigen auf bis zum Punkte A. Oberhalb von A ist die Atmosphäre stabil. Je mehr nun die Temperatur in Bodennähe zunimmt, umso mehr verschiebt sich der Punkt A nach oben. Wenn A den Schnittpunkt zwischen der Zustandskurve und der Kurve XY (maximales Mischungsverhältnis W_s, das dem am Boden gemessenen Mischungsverhältnis W entspricht) erreicht hat, setzt Kondensation ein; dies ist das konvektive Kondensationsniveau. Steigt die Temperatur am Erdboden über T_3 hinaus, so steigt die Luft über K hinauf, kühlt sich dann feuchtadiabatisch ab, und es bildet sich oberhalb von K eine Cumuluswolke.

Oberhalb des Punktes B, wo sich die Feuchtadiabate und die Zustandskurve wieder schneiden, ist die Atmosphäre stabil, denn $\gamma < \gamma_s$, d.h. B ist die obere Grenze der Wolkenbildung.

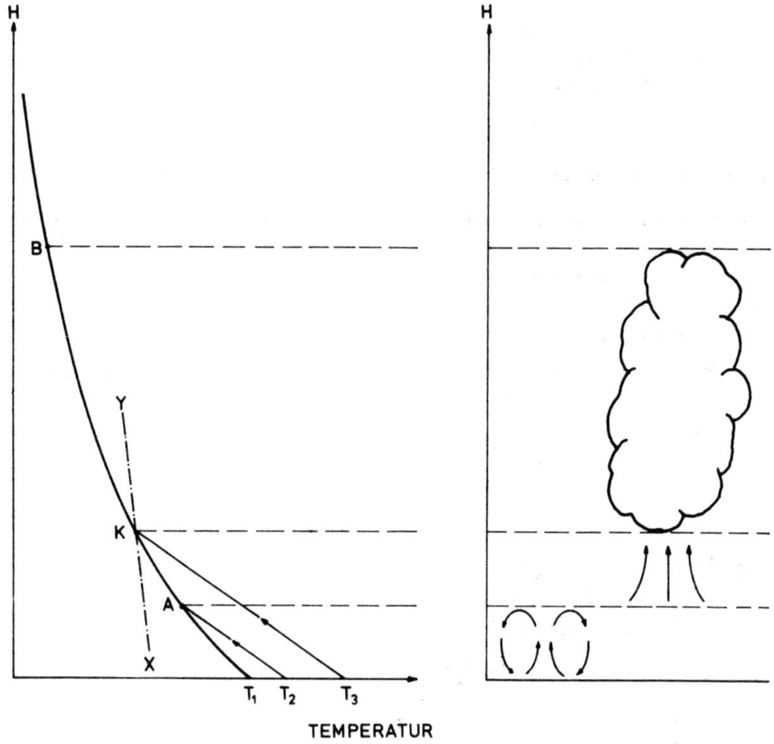

Fig. 5.11: Zur Wolkenbildung .

6. WOLKEN UND NIEDERSCHLAG

6.1 Wolken

Sie sind wichtige Indikatoren für den Zustand der Atmosphäre, für die Strömungsverhältnisse und damit häufig auch für die kommende Wetterentwicklung.

Es besteht eine genaue Wolkenklassifikation auf Grund internationaler Vereinbarung; hier soll nur eine Einteilung in die Haupttypen gegeben werden.

A. Konvektive Wolken = Wolken mit ausgeprägter Vertikalerstreckung

(auch Quellwolken, Kumuluswolken)
vertikale Erstreckung $\gtrapprox$ horizontale Ausdehnung
Sie entstehen durch lokales, thermisch bedingtes Aufsteigen von Luftblasen, in grösserem Ausmass nur bei instabiler (feuchtlabiler) Schichtung der Luft.

a) Cumulus humilis, Cu hum. (Schönwetterwolken)
geringe Erstreckung (einige 100 m – 1 km)

b) Cumulus congestus, Cu cong. (grosse Quellwolken)
scharf abgegrenzte, blumenkohlartige Form, mehrere km hoch, reine Wasserwolken.

c) Cumulonimbus, Cb (Gewitterwolke)
Durch Vereisung aus Cumulus congestus entstehend (die Entwicklung geht aber nicht immer so weit). Ausgefaserte, unscharfe Begrenzung, **Ambossbildung** durch Windscheerung an der Obergrenze der Wolke im Bereich abklingender Vertikalbewegung (z.T. an der Tropopause).

Im Innern voll entwickelter Gewitterwolken können die Aufwinde 20 – 30 m/sec. und mehr erreichen; die Abwinde sind im allgemeinen auf grössere Flächen verteilt und damit schwächer, können aber im Bereich von Gewitterwolken auch beträchtliche Werte erreichen.

Niederschläge aus Cb und aus Cu cong. sind **schauerartig.** Hagel fällt nur aus Cb.

Mammato-Cumulus (nach unten gerichtete Quellformen)
können durch Abwind im Randbereich vor allem sich auflösender Cb auftreten.

B. Schichtwolken

(horizontale Erstreckung >> vertikale Ausdehnung)
entstehend an Luftmassengrenzen, vor allem Warmfronten und Okklusionen, aber auch an Inversionen.

2 Typen:

a) Reine Schichtwolken => -stratus

b) Überlagerte Vertikalbewegung => -cumulus
(Schwere-Wellen oder Konvektion)

Es werden drei Stockwerke unterschieden je nach Höhenlage der Schichtwolke (im Gegensatz zu den grossen konvektiven Wolken, die alle Stockwerke gleichzeitig umfassen können).

1) **Hohe Wolken** 6 – 10 km Eiswolken (Vorsilbe Cirro-)

Typ a) Cirrus, Ci (Federwolken)
nicht völlig zusammenhängend

Cirrostratus, Cs
zusammenhängend
meist transparent; vor allem in Cs Haloerscheinungen. Können aus Kondensstreifen entstehen.

In Fig. 6.1 ist diese Einteilung anschaulich dargestellt.

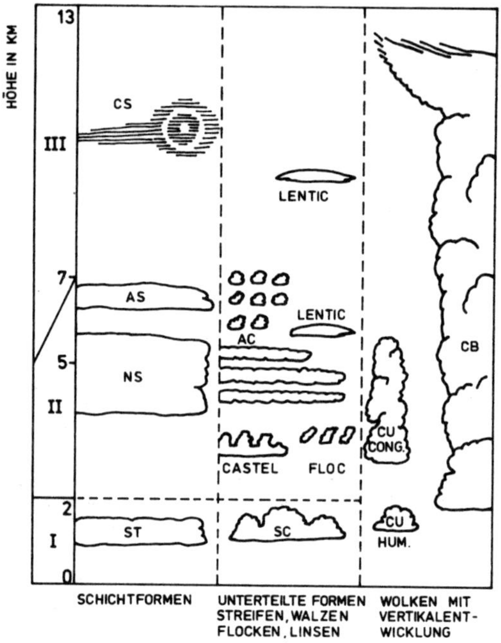

Fig. 6.1: Stockwerk und schematische Wolkendarstellung
I unteres II mittleres III oberes Stockwerk

Fig. 6.2: Cumulonimbus am Genfersee. Die typische Ambossform kennzeichnet diese eigentliche, mindestens in ihrem oberen Teil vereiste Gewitterwolke.

Häufig Schlechtwettervorboten (nicht immer), vor allem bei hoher Zuggeschwindigkeit, bei Warm- und Kaltfrontaufzug.

Typ b) Cirrocumulus, Cc
Bällchen ohne Schattenbildung (wegen Transparenz), häufig schwer von Altocumulus zu unterscheiden. Durch Wellen im Cirrusniveau gebildet.

2) **Mittelhohe Wolken** 3 – 5 km (Vorsilbe Alto-)
Meist Wasserwolken

Typ a) Altostratus, As
durchscheinend (translucidus) bis dicht.
Häufig Höfe um Sonne und Mond, die durch Wassertröpfchen erzeugt werden, im Gegensatz zur Halobildung durch Eiskristalle.
Typischer Schlechtwetteraufzug bei der Annäherung einer Warmfront.

Typ b) Altocumulus, Ac
Häufig durch Wellen ausgelöst (Schäfchenwolken)
Die Form **Ac lenticularis** (Linsenwolken) ist eine typische Hindernisform (orographische Auslösung von Wellen).

Ac castellanus ist eine kovektive Form, zeigt Instabilität der Schichtung in mittleren Niveaus an; typischer Gewittervorbote (vor allem bei Auftreten am Morgen).

3) **Tiefe Wolken** 1 – 3 km (Vorsilbe Strato-)

a) Stratus, St
Hochnebel. Vor allem an der Obergrenze winterlichen Kaltluftseen, d.h. unter Inversion. Keine merklichen Niederschläge. Dagegen entsteht Stratusfractus, Schlechtwetterstratus im Zusammenhang mit Niederschlägen.

Nimbostratus, Ns
Schichtwolke mit z.T. grosser vertikaler Erstreckung, eigentliche Regen- oder Schneewolke. Im Gegensatz zu Cu oder Cb keine oder nur sehr schwache, grossflächige Vertikalbewegung.

b) Stratocumulus, Cs
Walzen oder grobe Schäfchen durch Wellen erzeugt.

Niederschläge aus Schichtwolken (vor allem Ns oder auch As) sind anhaltend und gleichförmig; sog. "Landregen" = Dauerregen.

Wolkensatelliten

geben grossräumigen Überblick über die Wolkenverteilung und damit über die wolkenerzeugenden Strömungsverhältnisse. Über Wolkenformen geben sie höchstens in groben Zügen Auskunft.

6.2 Niederschläge

6.2.1 Formen der Niederschläge

Sobald in den Wolken die Grösse oder das Gewicht der einzelnen Wolkenteilchen in flüssiger oder fester Form so angewachsen ist, dass sie genügende Fallgeschwindigkeit erhalten und die aufsteigende Komponente der Luftströmung sie nicht mehr tragen kann, fällt aus den Wolken Niederschlag. Die hauptsächlichsten Formen des Niederschlages sind:

1) **Nieseln:** Ziemlich gleichmässiger Niederschlag, der ausschliesslich aus feinen, dicht verteilten Wassertröpfchen (Durchmesser kleiner als 0,5 mm) besteht.

2) **Regen:** Niederschlag bestehend aus flüssigen Wasserteilchen, entweder als Tropfen von mehr als 0,5 mm Durchmesser oder als kleinere vereinzelte Tropfen.

3) **Schnee:** Niederschlag, bestehend aus Kristallen, von denen die meisten sternförmig verzweigt sind.

4) **Reifgraupeln:** Niederschlag bestehend aus weissen, undurchsichtigen Eiskörnchen, die kugel- oder kegelförmig sind. Ihr Durchmesser beträgt 2 bis 5 mm.

5) **Frostgraupeln:** Niederschlag von durchsichtigen Eiskügelchen, die rund oder unregelmässig gestaltet sind und einen Durchmesser von 5 mm oder weniger haben. Die Körner springen auf harter Unterlage auf und lassen dabei ein deutliches Rauschen ertönen, das beim Reifgraupeln nicht vorkommt.

6) **Hagel:** Niederschlag von Eiskugeln mit einem Durchmesser von 5 bis 50 mm oder auch mehr.

6.2.2 Theorie der Gewitterwolken

6.2.2.1 Niederschlagsbildung

Bei Einsetzen der Kondensation im aufsteigenden Luftstrom bildet sich zunächst eine grosse Zahl feinster Tröpfchen (Durchmesser einige μ): es entsteht eine Wolke.

Die Tröpfchenbildung erfolgt an sogenannten Kondensationskeimen, welche immer in genügender Anzahl vorhanden sind.

Damit nun Niederschlag zur Erde fällt, müssen sich viele solcher Tröpfchen (Grössenordnung eine Million) zu einigen wenigen schweren Tropfen vereinigen. Dies kann im wesentlichen auf zwei Arten geschehen:

Koaleszenz nennt man das gewöhnliche Zusammenfliessen von Tröpfchen. Diese Art der Tropfenbildung tritt auf in Wolken, welche nicht unter den Gefrierpunkt abgekühlt werden; dies ist daher in den Tropen der häufigste Niederschlagstypus. Voraussetzung für Koaleszenz sind Tröpfchen unterschiedlicher Grösse, damit unterschiedliche Fallgegeschwindigkeiten resultieren, und eine gewisse vertikale Ausdehnung der Wolke, damit auf dieser Strecke die Teilchen auch zusammenstossen können. Ferner ist auch eine Mindestgrösse der Tröpfchen erforderlich, damit sie überhaupt von grösseren eingefangen werden können.

Der andere Mechanismus der Niederschlagsbildung beruht auf der gleichzeitigen Ausscheidung von Wasserdampf in die Eisphase (Sublimation) und in die flüssige Phase (Kondensation). Die Bildung der festen Phase ist an das Vorhandensein sogenannter Eiskeime gebunden.Während die Erfahrung zeigt, dass zur Tropfenbildung immer genügend wirksame Kerne vorhanden sind, scheint die Zahl von wirksamen Eiskeimen relativ gering zu sein. Da aber der Sättigungsdampfdruck über einem Eisteilchen geringer ist als über einem Wassertropfen (siehe Fig. 5.4) konzentriert sich die Wasserdampfausscheidung auf die Anlagerung an diese Eisteilchen, ja es kann sogar vorkommen, dass Tröpfchen wieder verdampfen und der Dampf sich an den Eisteilchen niederschlägt. Dabei entsteht eine beschränkte Zahl grösserer Teilchen, die nun eine genügende Fallgeschwindigkeit aufweisen, um als Schneeflocken, oder, wenn sie eine dickere Schicht warmer Luft durchqueren müssen, als Regentropfen die Erde zu erreichen.

Ist in einer Gewitterwolke die Vereisung eingetreten – was sich äusserlich in der Bildung eines sogenannten Ambosses (Fig. 6.2) zu erkennen gibt – werden nun von unten in der sturmesstarken Aufwindströmung kommende Tröpfchen gegen die Eisteilchen geschlagen, wo sie sofort ausfrieren. Dadurch bilden sich die Graupeln, ein lockeres Eisgebilde von einigen mm Durchmesser. Die Fortführung dieses Prozesses kann dann unter gewissen Bedingungen auch zur Bildung von grossen Hagelkörnern führen. Im besonderen muss dazu der Gehalt an flüssigem Wasser wesentlich grösser sein als für blosse Graupelbildung, und die Vertikalströmung muss Geschwindigkeiten von mindestens 25 bis 35 m/sec erreichen, damit sie auch grössere Körner in der Schwebe zu halten vermag.*

*) Nähere Details finden sich im Separatdruck aus der NZZ vom 19. Juni 1968.

6.3 Hagelbekämpfung

6.3.1 Hagelschäden

Der Sommer 1973 hat uns die Bedeutung von Hagelschäden wieder einmal vor Augen geführt, übersteigt doch die von der Schweizerischen Hagelversicherung ausbezahlte Schadenvergütung die Summe von 11.5 Mio. Franken.

Man kann sich leicht vorstellen, mit welcher Wucht Hagelkörner, von der Grösse eines Hühnereies, auf dem Boden aufschlagen, und es ist nicht verwunderlich, dass bei einem Hagelschlag viele Hektaren Gemüsekulturen in wenigen Minuten vernichtet werden können und in Getreidefeldern erhebliche Hagelschäden auftreten.

Es ist ein alter Traum der Menschheit, Gewitterwolken aufzulösen und dadurch die Hagelbildung zu verhindern. Im Mittelalter wurden beim Zusammenballen von Gewitterwolken die Glocken geläutet in der Hoffnung, die Schallwellen würden die Wolken zerteilen. Aus Afrika ist bekannt, dass man durch lautes Trommeln nicht nur die Dämonen vertreiben wollte, sondern glaubte, dadurch das Zusammenballen schwarzer Gewitterwolken verhindern zu können. Mit dem Aufkommen schwerer Feuerwaffen schien sich eine neue Methode der Gewitterbekämpfung anzubahnen. Die Schallenergie der "Wetterkanonen" war ja viel grösser als die der Glocken. So versuchte man auf diese Weise heranziehende Gewitter aufzulösen. Die Ergebnisse dieses Unternehmens waren sehr fraglich, auch wenn die "Wetterschützen" auf ihren Erfolg schworen.

6.3.2 Grossversuche in der Magadinoebene und in Südrussland

Grossversuche zur Abklärung der Wirksamkeit des Hagelschiessens wurden während fünf Jahren in der Magadinoebene ausgeführt. Die Zahl der schweren Hagelschläge ist in diesem Gebiet relativ gross und die hier angebauten Tabakkulturen stellten eine empfindliche Testpflanze zur Abschätzung der verursachten Schäden dar. Das Resultat der sehr sorgfältig durchgeführten Versuchsreihen war in Bezug auf eine Schutzwirkung durch konventionelles Schiessen völlig negativ.

Eine neue Versuchsreihe zur Hagelbekämpfung durch Impfen der Gewitterwolken mit Eiskeimen wurde von 1957 bis 1963 ebenfalls im Tessin durchgeführt. Das Impfen wurde mit Hilfe sogenannter Bodengeneratoren vorgenommen; das sind Brenner in denen eine AgI-haltige Lösung in eine Propangasflamme eingeführt wird, wodurch die wirksame Substanz in Form sehr kleiner Kristalle in die Atmosphäre gelangt, so dass durch die mit Gewittern verknüpften Aufwinde diese Teilchen in den kritischen Wolkenbereich geführt wurden. Das ganze Südtessin wurde mit einem Netz solcher Generatoren überzogen (Fig. 6.3). Um die Wirkung des Impfens mit der Wetterentwicklung ohne Impfen vergleichen zu können, sind zwei aequivalente Messreihen der Schäden und Niederschläge – mit und ohne Impfung – notwendig. Diese Messreihen wurden durch eine statistische Regel wie folgt festgelegt: Wenn im Versuchszeitraum die Wetterprognose für den folgenden Tag Gewitter ansagte, wurde durch einen Zufallsentscheid (mit Würfeln) festgelegt, ob geimpft werden sollte oder nicht. Fiel dieser Entscheid positiv aus, so wurden am folgenden Tag die Generatoren von 8 Uhr bis 22.30 Uhr alle Viertelstunden je 5 Minuten in Betrieb genommen, unabhängig von der Wetterentwicklung. Andernfalls wurde nicht geimpft.

Das Ergebnis war wieder negativ, was aber die Möglichkeit der Einwirkung des AgI nicht prinzipiell widerlegt, da nach unseren heutigen Kenntnissen die in den kritischen Wolkenzonen erreichte Konzentration der Kerne viel zu klein war.

Grossangesetzte Versuche wurden im Kaukasus durchgeführt, wobei jedoch der Impfstoff nicht durch diffuses Abblasen durch Bodengeneratoren, sondern durch gezielten Einsatz von Flabartillerie exakt in die mit Radar festgestellten Hagelzellen in 4 bis 7 km Höhe gebracht wurden. Durch diese örtliche, und zwar an den kritischen Stellen erfolgende, sehr massive Impfung soll eine starke Reduktion der Hagelschäden erreicht worden sein.

Ähnliche Erfolge mit hochreichenden Raketen werden aus Jugoslawien gemeldet. Da aber keine statistischen Versuche durchgeführt wurden, steht eine endgültige Bestätigung noch aus.

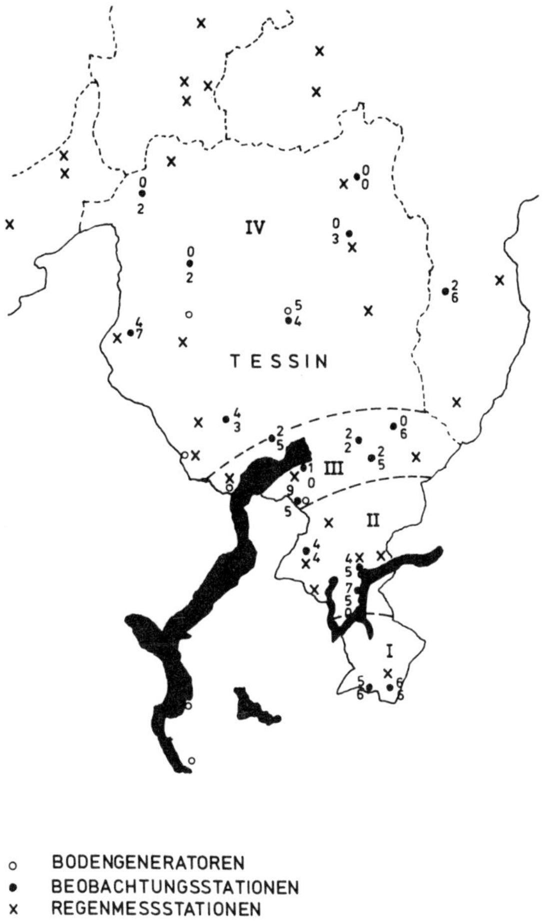

Fig. 6.3: Grossversuch III. Verteilung der Bodengeneratoren, Gewitter- und Hagelbeobachtungsstationen und Regenmessstationen. Jeder Station ist die Zahl der festgestellten Hageltage beigefügt (obere Zahl an Tagen ohne Impfung, untere Zahl mit Impfung). Die römischen Ziffern bezeichnen die vier geographisch verschiedenartigen Regionen, in die das Tessin für die Auswertung des Grossversuches aufgeteilt wurde.

7. STRAHLUNG

7.1 Allgemeines

Die für die Meteorologie wichtigste Strahlungsquelle ist die Sonne; für die emittierte Strahlung (elektromagnetische Welle) gilt zwischen der Wellenlänge λ und der Frequenz ν die Beziehung

$$\lambda \nu = c \qquad (7.1)$$

wobei: c = Lichtgeschwindigkeit (im Vakuum z.B. $3 \cdot 10^{10}$ [cm/sec])

λ = Wellenlänge [cm]

ν = Frequenz [Hertz = sec^{-1}]

Der Wellenlängenbereich der von der Sonne emittierten Strahlung erstreckt sich von einigen Ångström (1 Å = 10^{-8} cm) bis zu einigen hundert Metern. Tabelle 7.1 gibt die Einteilung dieses Bereichs und die Namen der Teilbereiche:

Bereich	Name
< 10 Å	Röntgen und γ-Strahlung
10 Å – 4000 Å	Ultraviolett
4000 Å – 7500 Å	(Sichtbares) Licht
7500 Å – 1000 μ	Infrarot
> 1000 μ	Mikro- und Radiowellen

Tabelle 7.1: Die verschiedenen Wellenlängenbereiche.

7.2 Allgemeine Gesetze der Strahlung

Das **Kirchhoff'sche Gesetz** gibt den Zusammenhang zwischen Emissions- und Absorptionsvermögen eines Körpers bei gegebener Wellenlänge

$$E(\lambda) = A(\lambda) \cdot f(\lambda, T) \qquad (7.2)$$

Dabei bedeuten: E = Emissionsvermögen [cal/cm² sec]

A = Absorptionsvermögen [cal/cm² sec]

$f(\lambda, T)$ ist die sogenannte Planck'sche Funktion; in Fig. 7.1 ist sie für drei verschiedene Temperaturen dargestellt.

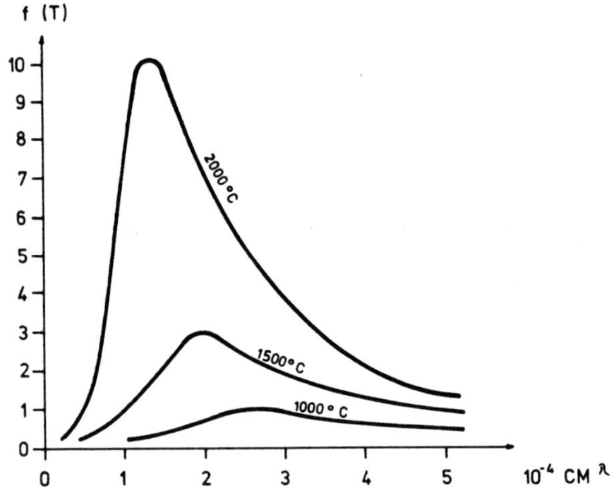

Fig. 7.1: f (λ, T) für drei verschiedene Temperaturen.

Wenn das Absorptionsvermögen A(λ) für alle Wellenlängen identisch eins ist, so nennen wir den Körper einen schwarzen Strahler, dann ist auch das Emissionsvermögen maximal.

Das **Wien'sche Verschiebungsgesetz** gibt den Zusammenhang zwischen der Temperatur T und der Wellenlänge des Maximums der Kirchhoff'schen Funktion λ_m:

$$T \cdot \lambda_m = \text{konst.} = 2897\,[\mu \cdot {}^\circ K] \qquad 7.3$$

Das **Stefan-Boltzmann'sche Gesetz** seinerseits besagt, dass die gesamte Strahlungsenergie eines schwarzen Körpers über alle Wellenlängen pro cm^2 und Sekunde der 4. Potenz der Temperatur proportional ist:

$$E = \sigma T^4 \qquad 7.4$$

$\sigma = 1.35 \cdot 10^{-12}\,[cal/cm^2\,sec\,{}^\circ K^4]$ ist die Stefan-Boltzmann'sche Konstante.

7.3 Streuung

Trifft elektromagnetische Strahlung auf Materie auf, so wird ein Teil reflektiert, während der verbleibende Teil in die Materie eindringt. Von der eindringenden Strahlung wird wiederum ein Teil absorbiert, während der Rest durchgelassen wird. Tritt die durchgelassene Strahlung ungeordnet in allen Richtungen aus der Materie aus, dann sagt man, die Strahlung sei gestreut worden.

7.3.1 Rayleigh-Streuung

Wenn die Streupartikel klein sind im Vergleich zur Wellenlänge der Strahlung kann die Theorie der Rayleigh-Streuung angewendet werden. Rayleigh fand, dass die Intensitätsverteilung der gestreuten Strahlung gegeben ist durch

$$I_\lambda(\theta) \sim \lambda^{-4}\,(1 + \cos^2\theta) \qquad 7.5$$

wenn die einfallende Strahlung von der Wellenlänge λ war. Dabei bedeuten:

I_λ (θ) = gestreute monochromatische Intensität beim Winkel θ.

θ = Winkel zwischen der Richtung der einfallenden und der Richtung der gestreuten Strahlung.

Fig. 7.2 gibt eine graphische Darstellung der Strahlungsverteilung für grünes (λ = 5000 Å) und rotes Licht (λ = 7000 Å).

Das grüne Licht wird stärker gestreut als das rote, aber in beiden Fällen ist die Verteilung der gestreuten Intensitäten gleich. Man sieht aus Formel 7.5, dass Strahlung kleiner Wellenlängen stärker gestreut wird als solche grosser Wellenlängen. Daher wird ein kleinerer Prozentsatz der kurzwelligen Strahlung den Erdboden erreichen.

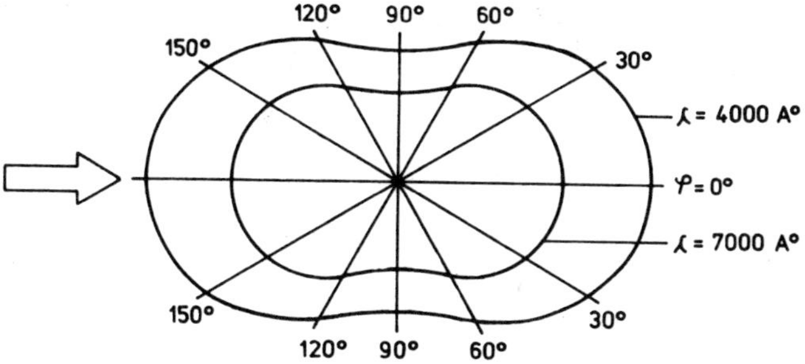

Fig. 7.2: Rayleigh-Streuung.

Die folgende Tabelle 7.2 gibt für verschiedene Wellenlängen den Prozentsatz der extraterrestrischen Strahlungsintensität, welcher den Erdboden im direkten Strahl erreicht (reine Luft).

Bezeichnung	Wellenlänge	den Erdboden erreichen
UV	3000 Å	31.6 %
blau	4000 Å	71.2 %
grün	5000 Å	87.4 %
gelb	6000 Å	93.8 %
rot	7000 Å	96.6 %

Tabelle 7.2: Verschieden starke Streuung der Strahlung in der Atmosphäre.

Mit der Rayleigh-Streuung lassen sich leicht einige Farbphänomene der Atmosphäre erklären. So erscheint der Himmel blau, weil das blaue Licht in der Atmosphäre stärker gestreut wird als das Licht anderer Wellenlängen (vergl. Tabelle 7.2).

Weiter erscheint uns die Sonne am Morgen und am Abend rot, am Mittag aber weiss. Das hat seinen Grund darin, dass der Unterschied in der Intensität verschiedener Wellenlängen umso grösser wird, je länger der Weg des Lichtes durch die Atmosphärenschichten ist.

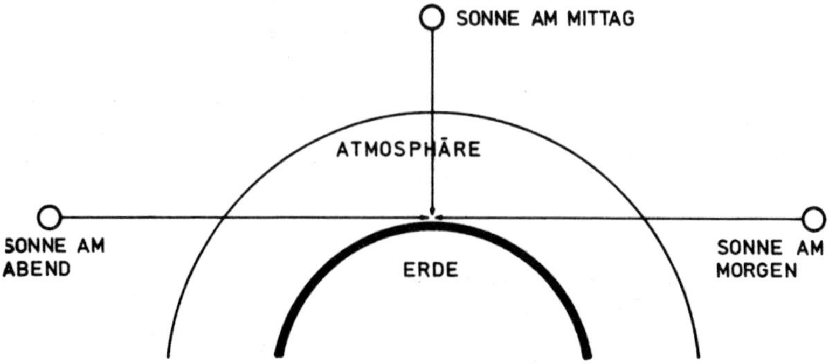

Fig. 7.3: Erklärung von Morgen- und Abendrot.

Beim kurzen Weg, den das Sonnenlicht am Mittag zurücklegt, ist der Intensitätsunterschied klein, man sieht daher das beinahe unverfälschte Spektrum, d.h. weiss. Beim langen Weg jedoch werden grün und blau schon ganz erheblich geschwächt, so dass die Sonne rot erscheint.

7.3.2 Mie-Streuung

Als Mie-Streuung bezeichnet man die Streuung von Licht an Partikeln, deren Durchmesser D mit der Wellenlänge der Strahlung vergleichbar ist, also etwa

$$0.1\,\lambda < D < 25\,\lambda$$

Die Streuung geschieht vorwiegend in die Vorwärtsrichtung, und eine quantenmechanische Rechnung liefert für die Intensität des gestreuten Lichtes

$$I_{mie} \approx \lambda^{-1.3} \qquad 7.6$$

In der Atmosphäre findet die Mie-Streuung an Aerosolen, Dunst-Partikeln, Staub usw. statt.

7.4 Intensität der Sonnenstrahlung

Das Intensitätsmaximum der Sonnenstrahlung liegt, wie es nach dem Wien'schen Verschiebungsgesetz einem strahlenden Körper mit der Strahlungstemperatur von 5850° C entspricht, im Bereich des sichtbaren Lichtes, im Blaugrün (4800 Å). Ein recht beachtlicher Teil des Spektrums wird von der Atmosphäre direkt absorbiert. Hierzu gehört die gesamte Strahlung im Ultraviolett, unterhalb 2900 Å, die vom atmosphärischen Ozon (O_3) absorbiert wird, aber auch grosse Bereiche der infraroten Wärmestrahlung oberhalb 7000 Å, die von Wasserdampf (H_2O) oder vom Kohlendioxyd (CO_2) verschluckt werden, so dass schliesslich auf der Erde nur noch Teile des von der Sonne ausgestrahlten Spektrums ankommen (Fig. 7.4).

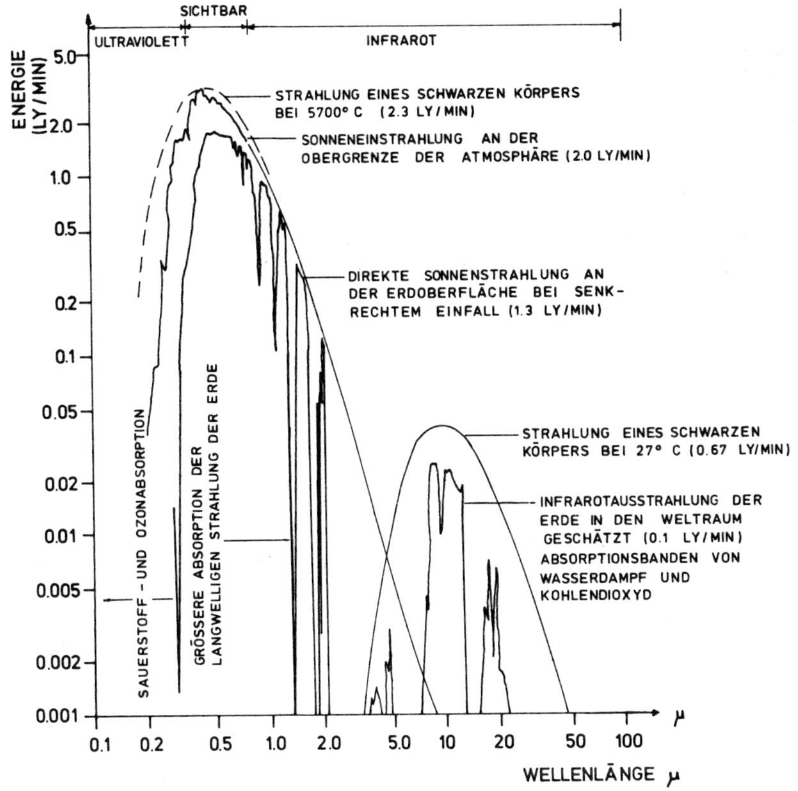

Fig. 7.4: Sonnenstrahlung und Ausstrahlung der Erdoberfläche in Abhängigkeit von der Wellenlänge.

Für die Meteorologie ist die Frage nach dem Betrag der von der Sonne zur Erde gestrahlten Energie von entscheidender Bedeutung.

Die Menge der pro Flächeneinheit auf die Erde eingestrahlten Energie ist abhängig von der Sonnenhöhe (daher zu einer bestimmten Zeit abhängig von der geographischen Breite) und wegen der elliptischen Erdbahn und der Schiefe der Ekliptik auch von der Jahreszeit. All diese Abhängigkeiten haben zur Folge, dass zur Zeit der grössten Sonnennähe im Januar die Südhalbkugel im Südsommer mehr Strahlung erhält als die Nordhalbkugel im Nordsommer zur Zeit der grössten Sonnenferne.

Als Solarkonstante S definiert man die auf die Erde senkrecht zur Strahlungsrichtung eingestrahlte Energiemenge pro Flächen- und Zeiteinheit, gemessen an der Obergrenze der Atmosphäre (also ohne Verluste durch Absorption), und gemittelt über die ganze Erde und über ein Jahr.

Der Mittelwert über das ganze Jahr beträgt $S_0 = 1.94$ cal/cm^2 min. Die neuesten Werte der Solarkonstanten werden mit Hilfe von Satelliten ermittelt, so dass keine Korrekturen infolge der atmosphärischen Absorption notwendig sind.

Die sehr interessante Frage, ob die Solarkonstante auch über längere Zeitintervalle (Jahrmillionen) konstant war oder nicht, und ob z.B. eine geringere Strahlungsleistung der Sonne die Eiszeiten hervorgerufen hätte, ist bis heute ungelöst. Einige Forscher behaupten, einen 11-jährigen Rhythmus gefunden zu haben, welcher mit dem 11-jährigen Rhythmus der Sonnenfleckentätigkeit in Beziehung zu stehen scheint. Auf der Sonne treten in rhythmischem Wechsel bald mehr, bald weniger dunkle Flecken auf, die mit der Drehung der Sonne um ihre Achse über die sichtbare Fläche der Sonne wandern. Der Rhythmus der Maxima und Minima wiederholt sich in rund 11 Jahren, jedoch kann nicht streng von einer Periode gesprochen werden (Fig. 7.5).

Verschiedene Forscher behaupten Auswirkung auf das Wetter; das ist mit Sicherheit bisher nicht nachgewiesen.

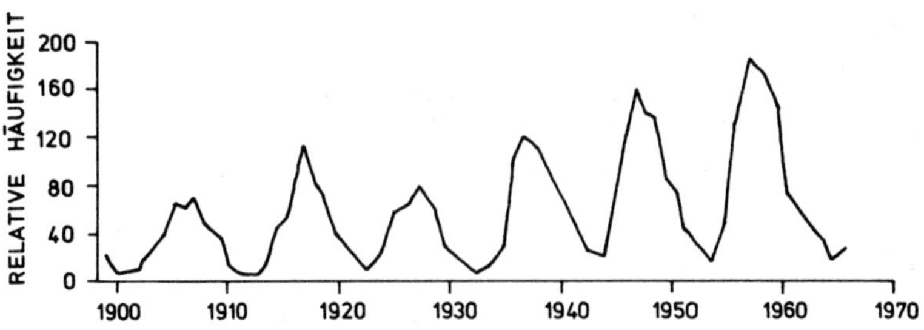

Fig. 7.5: Sonnenfleckenrelativzahl.

7.5 Energiegewinn des Systems Erde-Atmosphäre aus der Sonnenstrahlung

Da die Erde eine rotierende Kugel ist, verteilt sich die einfallende Energie – die wir vorher als Solarkonstante definiert haben – auf die ganze Kugeloberfläche ($4 \pi R_E^2$, R_E = Erdradius). Im räumlichen Mittel über die gesamte Erde erhält also ein Quadratzentimeter ca. 0.5 cal/min. Für eine Strahlungsbilanz der Erde haben wir folgende Grössen zu berücksichtigen:

- Nach dem Stefan-Boltzmann'schen Gesetz ist die von der Erde im gesamten ausgestrahlte Energie $4 \pi R_E^2 \cdot \sigma T_E^4$.
- Ebenso ist die Energie der Sonne $4 \pi R_S^2 \sigma T_S^4$, davon trifft aber auf die Erdscheibe πR_E^2 im Abstand R_B von der Sonne nur der Bruchteil:

$$\frac{4 \pi R_S^2}{4 \pi R_B^2}$$

- Durch die Albedo des Systems Erde + Atmosphäre wird ein Bruchteil A sofort reflektiert, so dass das System effektiv nur den Bruchteil $(1 - A)$ aufnimmt.

Damit ist die Strahlungsbilanz:

$$(1 - A) \sigma T_S^4 \frac{4 \pi R_S^2}{4 \pi R_B^2} \cdot \pi R_E^2 = \sigma T_E^4 \cdot 4 \pi R_E^2$$

$$(1 - A) T_S^4 \frac{R_S^2}{R_B^2} = 4 T_E^4$$

Daraus kann die Temperatur der Erde bestimmt werden, wenn man einsetzt:

A = .30 (gemessen mit Hilfe von Satelliten)

R_S = $6.90 \cdot 10^5$ km

R_B = $1.496 \cdot 10^8$ km

T_S = 5850° K

Man erhält dann: $T_E = 257.0^\circ$ K

Die mittlere Temperatur der Erde beträgt aber 288° K, d.h. der gerechnete Wert liegt zu tief. Die Ursache dieser Diskrepanz liegt darin, dass die Glashauswirkung der Atmosphäre vernachlässigt wurde: die kurzwellige Strahlung tritt zwar durch die Atmosphäre ein, die langwellige Ausstrahlung der Erde, welche eine Abkühlung verursachen würde, kann nur zum Teil durch die Atmosphäre austreten, sie wird durch Wasserdampf und CO_2 absorbiert. Damit heizt sich das System auf eine etwas höhere Temperatur auf.

Nehmen wir z.B. an, dass von der Ausstrahlung der Erde nur 50 % in den Weltraum verloren gehen, so dass wir 50 % davon auf der positiven Seite der Strahlungsbilanz vermerken können.

Für das Strahlungsgleichgewicht finden wir dann

$$(1 - A)\ T_s{}^4\ \frac{R_s{}^2}{R_B{}^2} = 2\, T_E'^{\,4}$$

Daraus wird:

$$T_E' = 301^\circ\ K$$

Mit Berücksichtigung dieser groben Näherung für die Glashauswirkung der Atmosphäre würde die Temperatur der Erdoberfläche also um ca. 47° K erhöht. Man beachte, dass diese Berechnung des Glashauseffektes auf einem sehr groben Modell beruht.

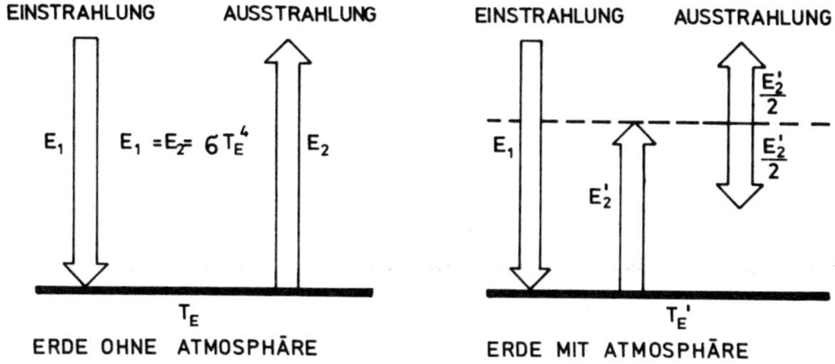

Fig. 7.6: Zur Berechnung des Glashauseffektes.

7.5.1 Die Strahlungsbilanz nach London

Die extraterrestrische Sonnenstrahlung wird durch die Einwirkung der Atmosphäre gewissermassen in drei Kategorien aufgespalten.

1) Direkte Sonnenstrahlung auf den Erdboden (was wir gemeinhin als Sonnenschein bezeichnen).

2) Durch Wolken beeinflusste Strahlung (im zeitlich-räumlichen Mittel bedecken die Wolken immerhin 52 % des Himmels).

3) In der wolkenfreien Atmosphäre diffus gestreute Strahlung (Rayleigh, Mie).

Gestreut werden 17,5 % der extraterrestrischen Einstrahlung. Hiervon kommen jedoch 10,5 % der Erdoberfläche zugute, während 7 % in den Weltraum zurückgestreut werden. Noch grösser ist der Einfluss der Wolkendecke. Sie beansprucht 40 % der Sonneneinstrahlung. Hiervon wird der grössere Anteil (24 %) unmittelbar in den Weltraum reflektiert, ein kleiner Bruchteil (ca. 1,5 %) von den Wassertröpfchen und Eisteilchen absorbiert, und 14,5 % kommen in Richtung Erdoberfläche weiter.

Vom verbleibenden Rest absorbiert das stratosphärische Ozon 3 %, weitere 13 % gehen durch die Absorption in der Troposphäre verloren, so dass schlussendlich nur 22,5 % der extraterrestrischen Einstrahlung S direkt auf die Erdoberfläche gelangen.

Total erreichen somit die Erdoberfläche 47,5 % (Fig. 7.7). Davon wird nun durch das Reflexionsvermögen (Albedo) der Erdoberfläche noch einmal ein Anteil von durchschnittlich 4 % der ursprünglichen Gesamtstrahlung des Weltraums in die Atmosphäre reflektiert.

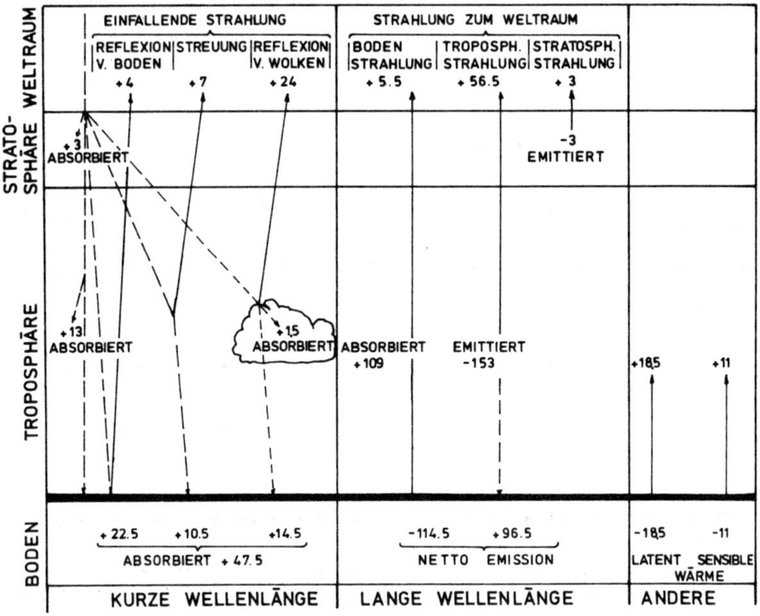

Fig. 7.7: Die mittlere jährliche Strahlungsbilanz der Nordhemisphäre (nach London)

Während sich all die Vorgänge der Einstrahlung ganz überwiegend im sichtbaren Teil des Lichtes und im nahen Infrarot abspielen, ergibt sich aus den physikalischen Grundgesetzen der Strahlung notwendigerweise die Existenz einer ebenso wichtigen Ausstrahlung der Erdoberfläche im langwelligen Teil des Spektrums, in Infrarot. Die Ausstrahlung der Erdoberfläche beläuft sich im räumlichen Durchschnitt auf 114,5 % der extraterrestrischen Einstrahlung. Der grösste Teil dieser langwelligen Ausstrahlung wird von den unteren Schichten der Atmosphäre verschluckt, vor allem in den Absorptionsbanden von Wasserdampf und Kohlendioxyd. Diese Schichten strahlen selbst mit einer nur wenig niedrigeren Temperatur wieder aus: Wir bezeichnen diese langwellige Strahlung der Atmosphäre, soweit sie zur Erdoberfläche hin gerichtet ist, als atmosphärische Gegenstrahlung, die einen Betrag, welcher 96,5 % der Solarkonstanten entspricht, der Erdoberfläche wieder zukommen lässt.

56,5 % werden von diesen Schichten in den Weltraum ausgestrahlt, während die kurzwelligere Strahlung (5,5 %) von der Atmosphäre direkt in den Weltraum durchgelassen wird. Die ozonhaltigen Schichten der Stratosphäre strahlen weitere 3 % in den Weltraum aus.

Wir können jetzt eine positive Strahlungsbilanz von + 29,5 % am Boden und eine negative Strahlungsbilanz von – 29,5 % in der Atmosphäre vermerken, d.h. im wesentlichen muss die Erdoberfläche die Wärmemenge wieder an die Atmosphäre abgeben. Wäre es nicht so, dann würde eine ständige Temperaturzunahme auf der Erdoberfläche die Folge sein. Zwei Vorgänge sind massgebend am Gleichgewicht der Bilanz beteiligt: direkte Erwärmung der Luft (fühlbare Wärme) und Wärmetransport in die Luft durch Verdunstung (latente Wärme des Wasserdampfes). London gibt 18,5 % latente Wärme und + 11 % fühlbare Wärme für seine theoretische Untersuchung und so ist die Bilanz der Strahlung künstlich ausgeglichen. Die abgegebene fühlbare Wärme lässt sich nicht direkt berechnen.

7.5.2 Abhängigkeit der Strahlungsbilanz von der geographischen Breite

In Fig. 7.8 ist schematisch die Wärmebilanz der Erde in Abhängigkeit von der geographischen Breite angegeben. (Es handelt sich um jährliche Durchschnittswerte.)

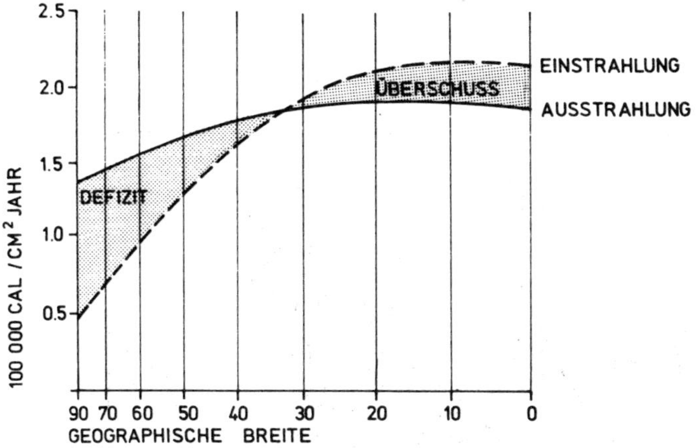

Fig. 7.8: Wärmebilanz der Erde in Abhängigkeit von der geographischen Breite.

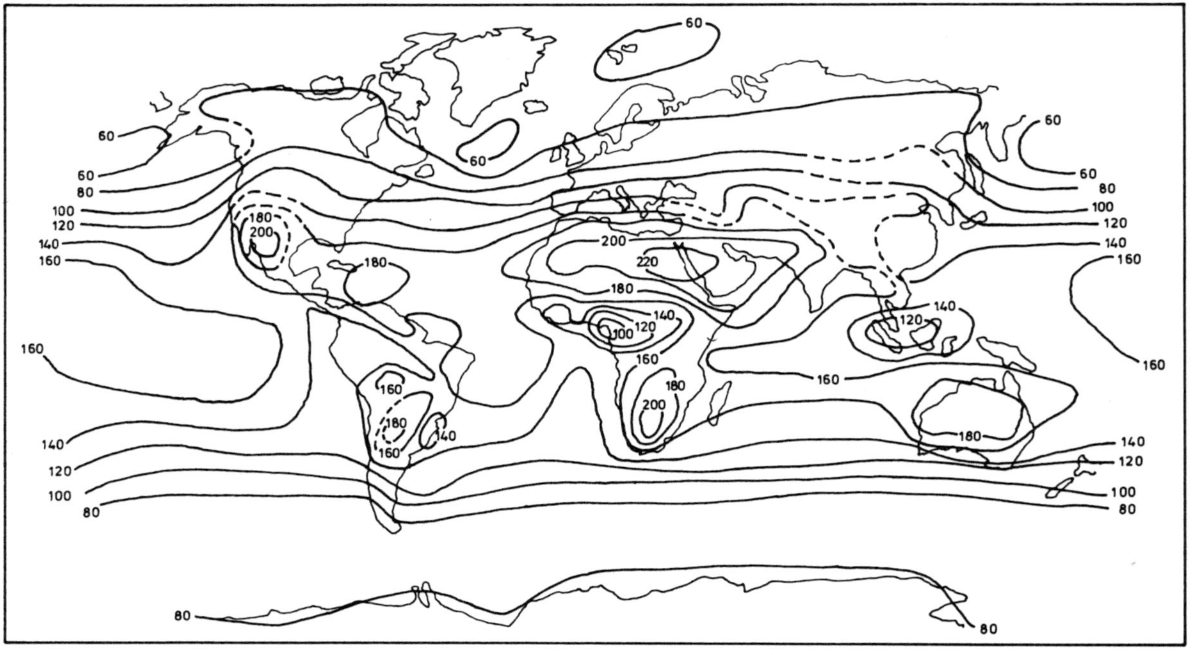

Fig. 7.9: Jahresmittel der Sonnenstrahlung auf eine horizontale Fläche am Erdboden.

Fig. 7.9 zeigt die Jahresmittel der Sonnenstrahlung am Erdboden. Sie kann im Einzelfall beträchtlich unter- oder überschritten werden. Dies kommt vor allem daher, dass die Beschaffenheit der Erdoberfläche bei der Verwertung der zugestrahlten Energie eine grosse Rolle spielt. Ausserdem besitzt das Meer eine gute Speichereigenschaft, die der Boden nicht hat. Um die Temperatur der Erdoberfläche genau zu verstehen, muss auch der Wärmetransport durch die Zirkulation in der Atmosphäre (fühlbare und latente Wärme) und durch die Meeresströmung berücksichtigt werden. Fig. 7.10 zeigt, wieviel Wärme nord- bzw. südwärts transportiert wird, um die Strahlungsbilanz auszugleichen und die gegebenen Temperaturen der Erdoberfläche zu erklären.

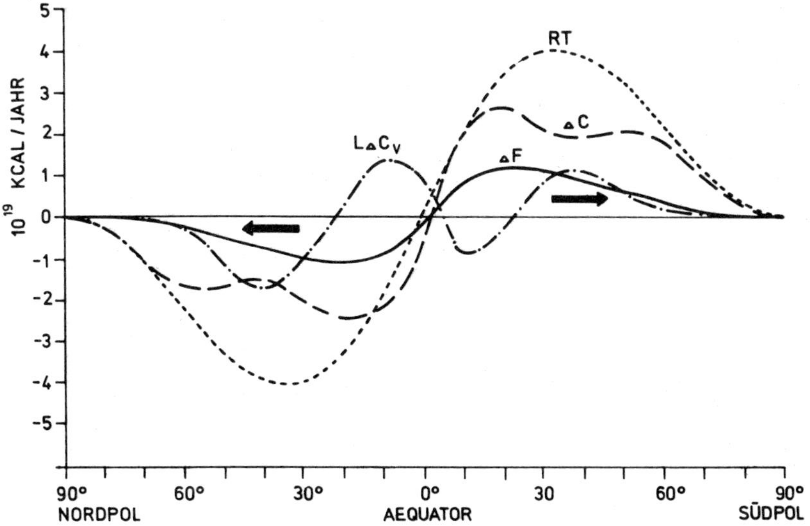

Fig. 7.10: Wärmetransport als Funktion der geographischen Breite. RT = totale Wärmemenge, ΔF = Anteil durch die Ozeane transportiert, $L\Delta C_V$ = Anteil latente Wärme, ΔC = Anteil fühlbare Wärme.

7.5.3 Messung der Strahlungsbilanz mit Hilfe von Satelliten

Für das vom Satelliten vermessene Gesamtsystem Erde/Atmosphäre gilt die folgende Strahlungsbilanz

$$RN_{EA} = I_o (1 - A) = H_L$$
$$= I_o \simeq H_R - H_L$$

wobei: I_o = Einfallende Sonnenstrahlung [cal/cm^{-2} min]

A = Albedo [%] des Systems Erde + Atmosphäre

H_L = Emittierte Infrarotstrahlung [cal/cm^{-2} min]

H_R = Reflektierte Sonnenstrahlung [cal/cm^2 min]

RN_{EA} = Netto Sonnenstrahlung [cal/cm^2 min]

Das Gleichgewicht der Strahlungsbilanz ist durch die Nettostrahlung RN_{EA} gegeben. Positive Werte bedeuten einen Netto-Energiegewinn im System Erde-Atmosphäre. Mit den Instrumenten eines Satelliten lassen sich die von aussen eintreffende Strahlungsintensität I_o, die von der Erde reflektierte Sonnenstrahlung H_R und die von der Erde ausgesandte langwellige Strahlung H_L (Fig. 7.11) messen. Daraus kann dann die Nettostrahlung, die vom System Erde + Atmosphäre total aufgenommene Strahlung (Fig. 7.12) und die Albedo (Fig. 7.13) dieses Systems berechnet werden.

Diese Satellitenmessungen wurden 1963 – 1965 durchgeführt. Fig. 7.14 und Tabelle 7.3 zeigen die Mittelwerte des Jahres bzw. der Jahreszeiten. In der Figur werden die Jahreszeiten mit Nummern bezeichnet:

I	=	Dezember – Januar – Februar	DJF
II	=	März – April – Mai	MAM
III	=	Juni – Juli – August	JJA
IV	=	September – Oktober – November	SON

Die horizontale Gerade gibt jeweils das Jahresmittel der entsprechenden Grösse.

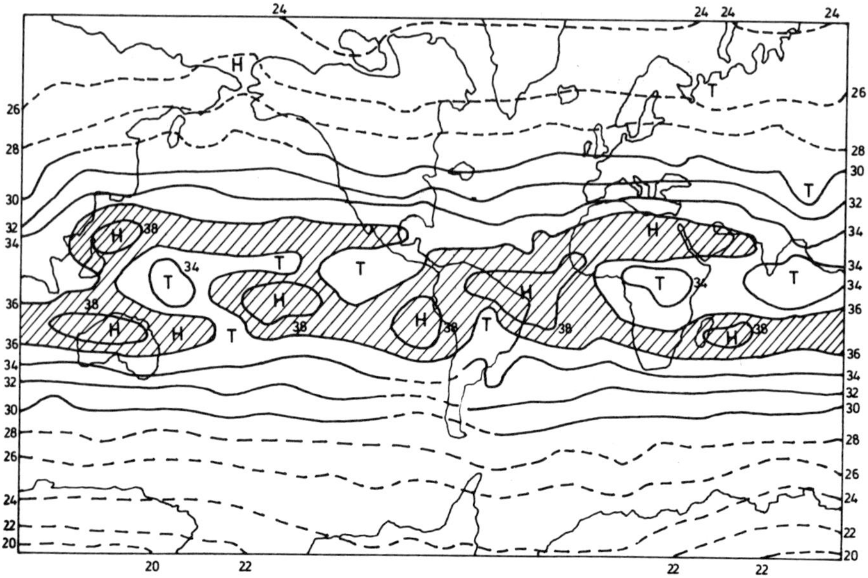

Fig. 7.11: Mittlere jährliche langwellige Ausstrahlung der Erde H_L in Einheiten 10^{-2} cal/cm^2 min. Gegenden mit $H_L > 0.36$ sind schraffiert.

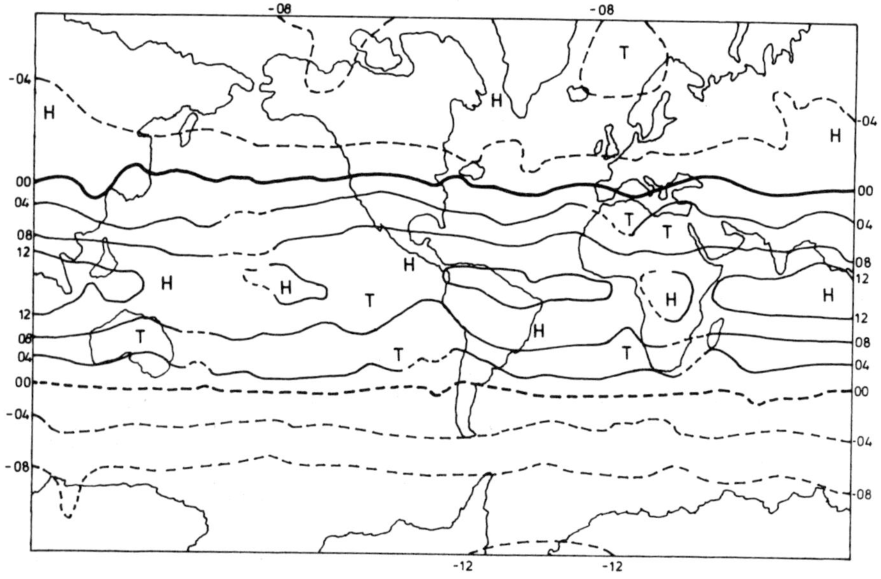

Fig. 7.12: Mittlere jährliche Nettostrahlung RN_{EA} in Einheiten 10^{-2} cal/cm^2 min.

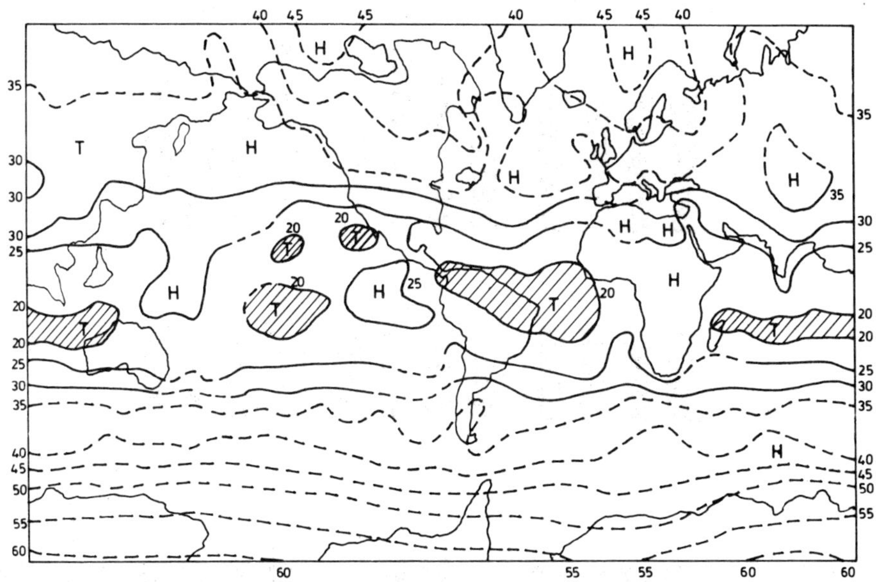

Fig. 7.13: Mittlere jährliche Albedo A des Systems Erde-Atmosphäre. Gegenden mit A > 20 % sind schraffiert.

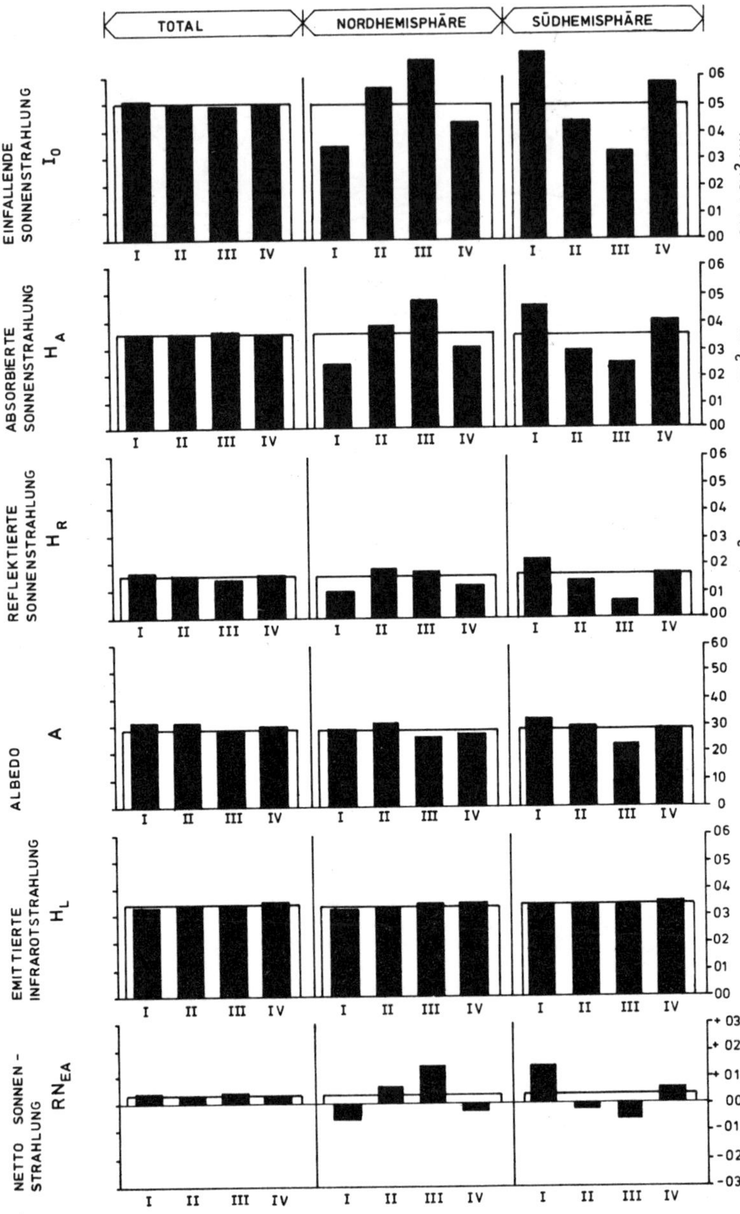

Fig. 7.14: Strahlungsmessungen in den Jahren 1963 – 1965.

	Globalmittel					Nordhemisphäre					Südhemisphäre				
	DJF	MAM	JJA	SON	jährl.	DJF	MAM	JJA	SON	jährl.	DJF	MAM	JJA	SON	jährl.
I_o	.51	.50	.49	.50	.50	.34	.56	.65	.42	.50	.69	.43	.32	.58	.50
H_A	.34	.35	.37	.36	.35	.24	.39	.48	.31	.36	.46	.30	.25	.41	.35
H_R	.16	.15	.12	.14	.15	.10	.18	.17	.12	.14	.22	.13	.07	.17	.15
A	.31	.31	.25	.28	.29	.29	.31	.26	.27	.28	.32	.30	.22	.29	.29
H_L	.32	.33	.33	.34	.33	.32	.33	.34	.34	.33	.33	.32	.32	.34	.33
RN_{EA}	.03	.02	.03	.02	.02	−.07	.06	.13	−.03	.02	.13	−.02	−.07	.06	.02

Tabelle 7.3: Mittlere, jährliche und jahreszeitliche Strahlungsbilanz vom Erde-Atmosphäre System, beobachtet von der ersten Serie meteorologischer Satelliten.

Anmerkung: Der Bilanzfehler ($RN_{EA} \approx 0.02$ statt 0.0) liegt innerhalb der Messgenauigkeit.

8. WINDGESETZE

8.1 Allgemeine Bewegungsgleichung

Im folgenden soll gezeigt werden, dass zwischen den Störungsvorgängen in der Atmosphäre und dem Druckfeld enge, gesetzmässige Zusammenhänge bestehen, auf denen die grosse Bedeutung der gebräuchlichen Wetterkarten beruht.

In einem bewegten Kontinuum gilt für das einzelne Massenteilchen das Newtonsche Grundgesetz

$$\vec{a} = \frac{d\vec{v}}{dt} = \vec{F}_T \qquad 8.1$$

$\vec{a}$ = Beschleunigung, $\vec{F}_T$ = gesamte Kraft pro Masseneinheit. $\frac{d\vec{v}}{dt}$ ist die Geschwindigkeitsänderung des fortbewegten Massenteilchens pro Zeiteinheit (individuelle Geschwindigkeitsänderung), welche im allgemeinen nicht identisch ist mit der zeitlichen Änderung der Strömungsgeschwindigkeit an einem festen Ort (lokale Geschwindigkeitsänderung, $\frac{\delta\vec{v}}{\delta t}$).

Die Gesamtkraft setzt sich im wesentlichen zusammen aus Druckkraft ($-\frac{1}{\rho}$ grad p), Reibungskräften $\vec{F}_R$ und Schwerkraft ($\vec{g}'$); damit wird

$$\frac{d\vec{v}}{dt} = \frac{1}{\rho}\ \text{grad}\ \rho + \vec{F}_R + \vec{g}' \qquad 8.2$$

wobei ρ die Dichte, $\vec{F}_R$ die Reibungskraft pro Masseneinheit und $\vec{g}'$ die Schwerebeschleunigung ist.

8.2 Druckkraft

Die in 8.2 auftretende Druckkraft auf einen Quader mit den Kantenlängen dx, dy, dz ergibt sich für die x-Richtung nach Fig. 8.1

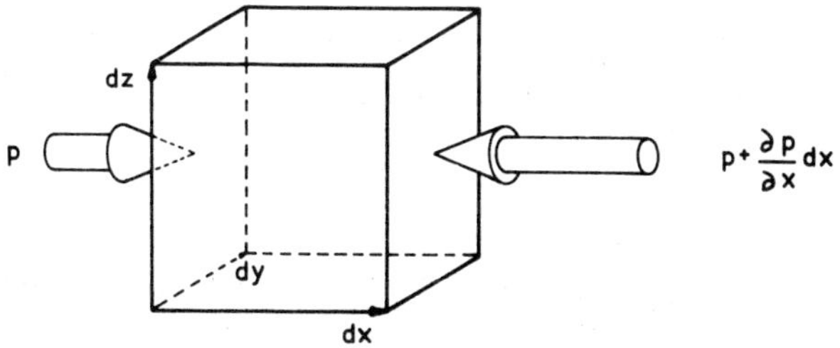

Fig. 8.1: Zur Berechnung in den inhomogenen Druckfeldern am Volumenelement

als Differenz der Kräfte auf die Begrenzungsflächen senkrecht zu dieser Richtung

$$(p - (p + \frac{\delta p}{\delta x}dx))\,dy\,dz = -\frac{\delta p}{\delta x}\,dx\,dy\,dz \qquad 8.3$$

Die Kraft pro Volumeneinheit in der x-Richtung wird damit = $-\frac{\delta p}{\delta x}$ für die Masseneinheit $-\frac{1}{\rho}\frac{\delta p}{\delta x}$; entsprechend ergibt sich in der y-Richtung $-\frac{1}{\rho}\frac{\delta p}{\delta y}$ und in der z-Richtung $-\frac{1}{\rho}\frac{\delta p}{\delta z}$ und damit in Vektorschreibweise zusammengefasst für die gesamte Druckkraft pro Masseneinheit

$$\vec{F}_p = -\frac{1}{\rho} \text{ grad } p \qquad 8.4$$

8.3 Strömungsgleichungen auf der rotierenden Erde

Gleichung 8.2 gilt für Bewegungen in einem ruhenden Koordinationssystem (sog. Inertialsystem). Für einen Beobachter auf einem rotierenden Körper (Erde) treten, wenn die Bewegungen **relativ zu diesem Körper** betrachtet werden, wie dies bei allen meteorologischen Beobachtungen der Fall ist, zusätzlich Kräfte, sog. **Scheinkräfte** in Erscheinung, nämlich die

Corioliskraft $\vec{F}_c = -2\,[\vec{\omega} \times \vec{v}]$

und die

Zentrifugalkraft $|F_z| = \omega^2 R \cos\varphi$

wobei ω die Winkelgeschwindigkeit der Erde um ihre Achse, R der Erdradius und φ die geographische Breite sind. Die Zentrifugalkraft, die senkrecht zur Erdachse nach aussen zeigt, hängt nur vom Ort ab und wird damit in allen meteorologischen Beobachtungen mit dem Vektor der Gravitationskraft von dem sie auch messtechnisch nicht getrennt werden kann, zu einer einzigen Grösse $\vec{g} = \vec{g}' + \vec{F}_z$ zusammengefasst.
Die Corioliskraft steht senkrecht zur Bewegungsrichtung und zur Rotationsachse der Erde.

Die Strömungsgleichung erhält damit die Form

$$\frac{d\vec{v}}{dt} = -2\,[\vec{\omega} \times \vec{v}] - \frac{1}{\rho} \text{ grad } \rho + \vec{g} + \vec{F}_R \qquad 8.5$$

wobei $\vec{v}$ nun die Geschwindigkeit relativ zur Erde, d.h. die Windgeschwindigkeit bedeutet.

Diese Gleichung hat nichtlinearen Charakter, da bei der Darstellung der individuellen Geschwindigkeitsänderung $\frac{d\vec{v}}{dt}$ durch die lokalen Grössen, wie sie für eine numerische Auswertung nötig ist, Produkte der Geschwindigkeit mit ihren Ableitungen auftreten. Sie lässt sich daher nicht geschlossen integrieren. Hier soll aus diesem Grund nur eine für die Beziehung zwischen Druckfeld und Wind wichtige Näherung betrachtet werden.

Betrachtet man die vertikale Komponente der Vektorgleichung 8.5, so zeigt eine numerische Abschätzung, dass die beiden Terme g und $\frac{1}{\rho}\frac{\delta p}{\delta z}$ in grossräumigen Strömungsfeldern 10^4 mal grösser sind als die übrigen Grössen

$$g = -\frac{1}{\rho}\frac{\delta p}{\delta z} \qquad 8.6$$

ist damit eine sehr gute Näherung. Dies ist aber nichts anderes als die hydrostatische Grundgleichung, deren Integration im Kapitel 4 zur Barometerformel geführt hat. In der Vertikalen genügt also die statische Betrachtung. Nur im Innern von Gewitterwolken, wo sehr hohe vertikale Geschwindigkeit und damit auch Beschleunigung auftreten, ist diese Näherung nicht mehr völlig genügend.

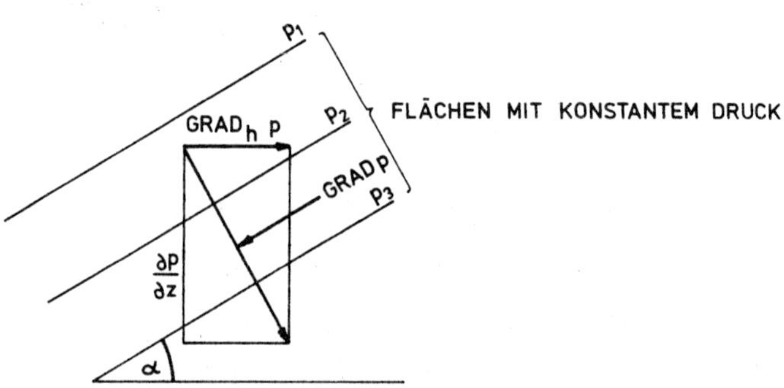

Fig. 8.2: Die Zerlegung des Vektors grad p

Fig. 8.2 zeigt die Zerlegung des Vektors grad ρ in horizontale und vertikale Komponenten. Die Neigungen der Flächen konstanten Druckes gegenüber der Horizontalen sind sehr gering ($\alpha < \frac{1}{10}{}^{\circ}$), d.h.

$$\frac{\delta p}{\delta z} >> \text{grad}_h\, p \qquad 8.7$$

8.4 Geostrophischer Wind

Wegen 8.7 wird die Näherung, mit der in der Horizontalen gearbeitet werden kann, wesentlich weniger gut. Die Horizontalkomponenten der Corioliskraft ($\vec{F}_{c,h}$) und der Druckkraft ($-\frac{1}{\rho}\text{grad}_h p$) sind nur etwa 10mal grösser als $\frac{dv_h}{dt}$.
In unmittelbarer Bodennähe kann die Reibungskraft, die in der freien Atmosphäre zurücktritt, sogar von gleicher Grössenordnung sein.
Die Vernachlässigung von $\frac{d\vec{v}_h}{dt}$, d.h. der Beschleunigung in der Näherung

$$|\vec{F}_{c,h}| = \frac{1}{\rho}\,|\text{grad}_n p| \qquad 8.8$$

bedeutet, dass ein Gleichgewichtszustand betrachtet wird. Da $|\vec{F}_{c,h}| = 2\,\omega\,\sin\varphi\,|\vec{V}_h| = f \cdot |\vec{V}_h|$ ergibt sich eine Beziehung zwischen Windgeschwindigkeit und Druckgradient

$$|\vec{V}_h| = \frac{1}{\rho f}\,|\text{grad}_h p| \qquad 8.9$$

wobei $f = 2\,\omega\,\sin\varphi$ als Coriolisparameter bezeichnet wird. $f \approx 10^{-4}\,\text{sec}^{-1}$ in mittleren Breiten.

Die Windrichtung ergibt sich aus Figur 8.3

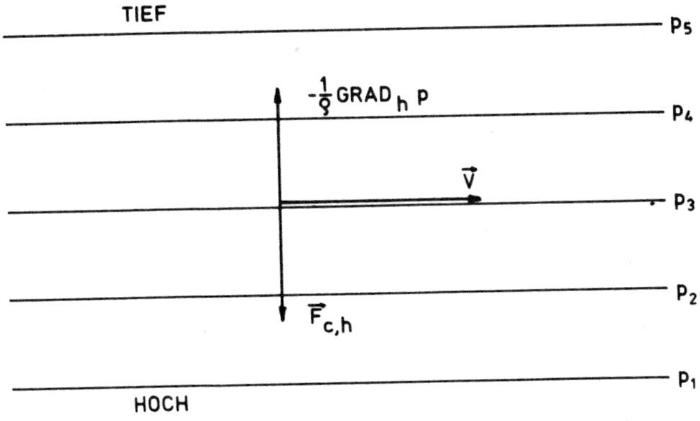

Fig. 8.3: Geostrophischer Wind

Die Strömung, welche dieser Gleichgewichtsbedingung zwischen Druckkraft und Corioliskraft genügt, heisst **geostrophischer Wind**. Seine Geschwindigkeit ist proportional zum Druckgradienten. Er fliesst aber nicht vom hohen zum tiefen Druck, sondern parallel zu den Isobaren (wobei der hohe Druck rechts bleibt); da die Corioliskraft immer senkrecht zur Strömungsrichtung steht, können nur so die Gleichgewichtsbedingungen erfüllt werden. Auf der Nordhalbkugel werden Hochdruckgebiete im Uhrzeiger-, Tiefdruckgebiete im Gegenuhrzeigersinne umströmt, auf der Südhalbkugel dagegen im entgegengesetzten Sinne, da dort $\sin\varphi$ und damit f negativ sind.

Das Koordinatennetz wird im allgemeinen so gelegt, dass die x-Achse nach Osten und die y-Achse nach Norden zeigt, $u = \vec{v}_x$ ist damit die zonale, $\upsilon = v_y$ die meridionale Windkomponente ($u > o \rightarrow$ Westwind) ($\upsilon > o \rightarrow$ Südwind)

In diesen Komponenten dargestellt, ergibt sich die geostrophische Windgleichung wie folgt

$$v = \frac{1}{\rho f} \frac{\delta p}{\delta x} \qquad 8.10$$

$$u = -\frac{1}{\rho f} \frac{\delta p}{\delta y}$$

Da ρ mit der Höhe abnimmt, ergeben gleiche Druckgradienten für verschiedene Höhen verschiedene Windgeschwindigkeiten. Diese Schwierigkeit entfällt, wenn man zur Isohypsendarstellung des Druckfeldes (siehe Kapitel 4) übergeht:

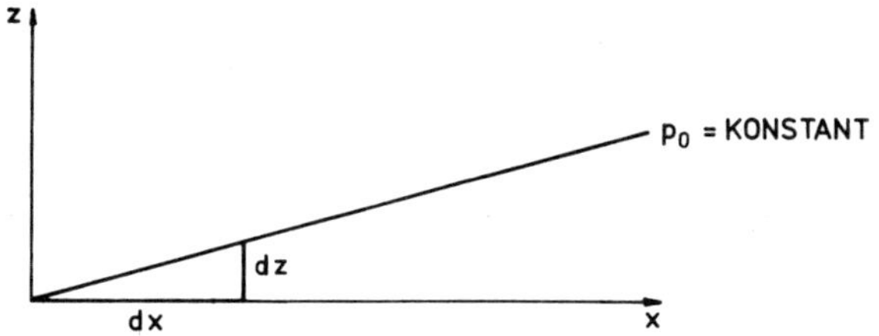

Fig. 8.4: Querschnitt in x - z - Ebene

$$p = p_0 + \frac{\delta p}{\delta x} dx = p_0 + g\rho dz \qquad 8.11$$

↓ hydrostatische Gleichung

und daraus

$$\left(\frac{\delta z}{\delta x}\right)_p = \frac{1}{g\rho} \left(\frac{\delta p}{\delta x}\right)_z \qquad 8.12$$

$\left(\frac{\delta z}{\delta x}\right)_p$ ist der Tangens des Neigungswinkels der Flächen konstanten Drucks in der x-Richtung

Setzt man dies und eine entsprechende Beziehung für die y-Koordinate in 8.10 ein, so folgt

$$v = \frac{g}{f} \left(\frac{\delta z}{\delta x}\right)_p$$

$$u = -\frac{g}{f} \left(\frac{\delta z}{\delta y}\right)_p \qquad 8.13$$

oder vektoriell zusammengefasst

$$|\vec{V}_h| = \frac{g}{f} \cdot |\,\mathrm{grad}_p z\,| \qquad 8.14$$

Dies bedeutet, dass der geostrophische Wind parallel zu den Höhenlinien der Flächen konstanten Drucks weht (mit dem "Druckberg" zur Rechten) und die Windgeschwindigkeit proportional zum Gefälle (Tangens des Steigungswinkels) ist. Der Proportionalitätsfaktor $(\frac{g}{f})$ ist in dieser Darstellung unabhängig von der Höhe, er ändert sich nur mit der geographischen Breite $(f \sim \sin\varphi)$.

Da in dieser Näherung $\frac{d\vec{v}}{dt} = 0$ gesetzt wurde, eignet sie sich nicht für prognostische Zwecke (zukünftige Entwicklung des Strömungsfeldes), dagegen gibt sie eine gut brauchbare Darstellung des Strömungsfeldes aus dem Druckfeld (Fehler im allgemeinen kleiner als 10 %) mit Ausnahme des untersten Kilometers der Atmosphäre, wo Reibungsvorgänge wichtig sind. Da f mit φ gegen 0 strebt, wird die Näherung des geostrophischen Windes in der Nähe des Aequators unbrauchbar. Dort sind entsprechend auch die Druckgegensätze kleiner (mit Ausnahme tropischer Wirbelstürme) für deren Theorie die hier nicht berücksichtigte Krümmung der Isobaren resp. der Strömung von Bedeutung wird.

8.5 Ablenkung des Windes in Bodennähe

("geostrophischer" Wind mit Reibung)

Es wird wieder $\frac{d\vec{v}}{dt} = o$ angenommen, aber nun ein Gleichgewicht zwischen Druck-, Coriolis- und Reibungskraft be trachtet, wobei $\vec{F}_{R,h} = -k\,\vec{v}_h$ gesetzt wird, was physikalisch gesehen eine grobe Näherung ist. Zwar können die Windverhältnisse in Bodennähe damit vernünftig dargestellt werden, doch ist der kontinuierliche Übergang zur freie Atmosphäre so nicht zu erklären.

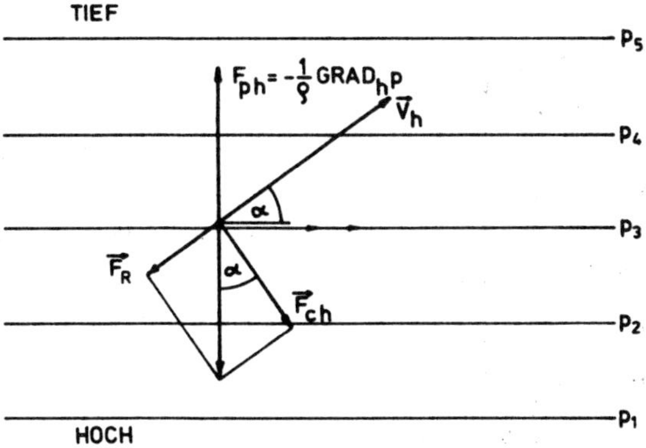

Fig. 8.5: "Geostrophischer" Wind mit Reibung

Es ergibt sich im Gleichgewichtszustand eine Strömungskomponente von hohem zu tiefem Druck, wobei $\mathrm{tg}\alpha = \frac{k}{f}$ is Die durch die Reibungskräfte vernichtete kinetische Energie wird so durch die Arbeitsleistung der Druckkräfte gerad wieder hergestellt. In Fig. 8.5 ist $|\vec{F}_{c,h}| < |\vec{F}_{p,h}|$, d.h. die Windgeschwindigkeit ist kleiner als im reibungsfreien Fall In Bodennähe strömt der Wind spiralförmig in ein Tiefdruckgebiet ein (was sich noch an den Satellitenwolkenbildern sehr schön zeigt), aus Hochdruckgebieten entsprechend aus. Die Reibungsvorgänge führen also zu einem Ausgleich d Druckdifferenzen, während ein rein geostrophischer Wind keine Änderung des Druckfeldes herbeiführt.

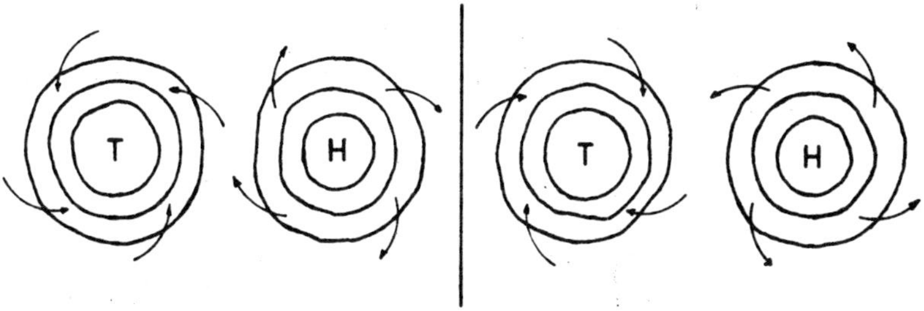

Fig. 8.6: Nordhemisphäre Südhemisphäre

8.6 Änderung des geostrophischen Windes mit der Höhe

(sog. thermischer Wind)

Die Beobachtung des Wolkenzuges zeigt uns häufig ausgeprägte Änderungen der Windrichtung und -geschwindigkeit mit der Höhe an. Während in Bodennähe dabei Reibungsvorgänge von Bedeutung sein können, sind diese Änderungen in der freien Atmosphäre mit horizontalen Temperaturgradienten verknüpft.

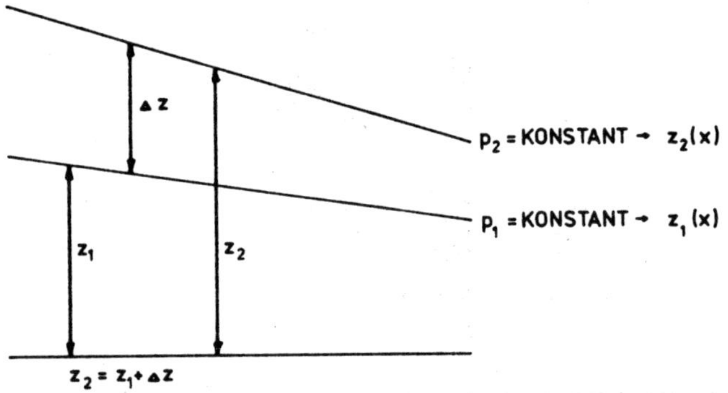

Fig. 8.7: z_1 und z_2: absolute Topographie der Druckflächen p_1 und p_2
Δz = relative Topographie

Für den horizontalen geostrophischen Wind gilt

$$|\vec{v}_2| = \frac{g}{f}\,|\text{grad}_p\, z_2| = \frac{g}{f}\,|(\text{grad}\, z_1 + \text{grad}\, \Delta z)| \qquad 8.15$$

daraus

$$|\vec{v}_2| = \vec{v}_1 + \Delta\vec{v} \quad \text{und}$$

$$|\Delta\vec{v}| = \frac{g}{f}\,|\text{grad}\,\Delta z| = \frac{g}{f}\,\frac{H_o}{T_o}\,\ln\frac{p_1}{p_2}\,|\text{grad}\,\overline{T}| \qquad 8.16$$

da $\Delta z = H_o \dfrac{\overline{T}}{T_o} \ln \dfrac{p_1}{p_2}$ (siehe Formel 4.5)

mit $\overline{T}$ = Mitteltemperatur der Schicht zwischen p_1 und p_2

Dabei steht $\Delta\vec{v}_h$ senkrecht auf grad $\overline{T}$, d.h. der Vektor der Windänderung läuft parallel zu den Isothermen, mit der hohen Temperatur zur Rechten.

4 Beispiele

1)

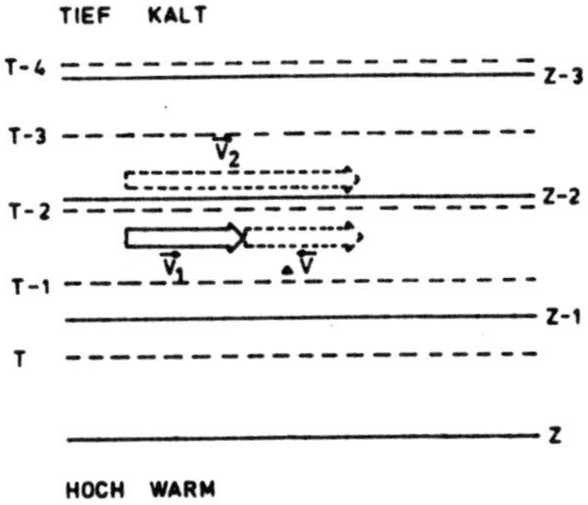

Warmes Hoch und kaltes Tief
(Subtropenhoch gegen Subpolartief)
Zunahme der Windgeschwindigkeit
mit der Höhe.

2)

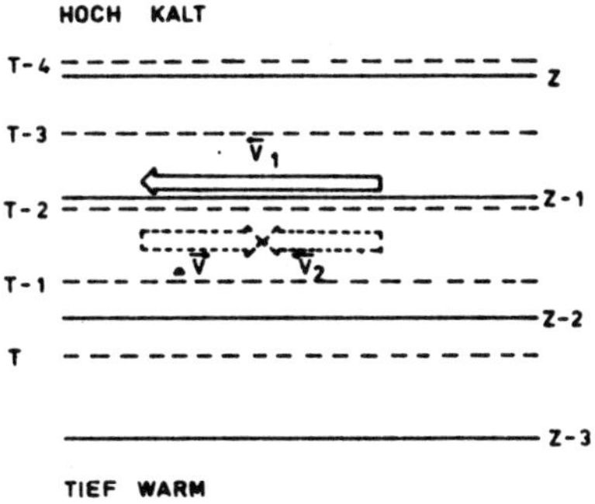

Kaltes Hoch und warmes Tief
(sibirisches Winterhoch)
Abnahme der Windgeschwindigkeit mit
der Höhe, ev. Umkehr der Richtung.

3)

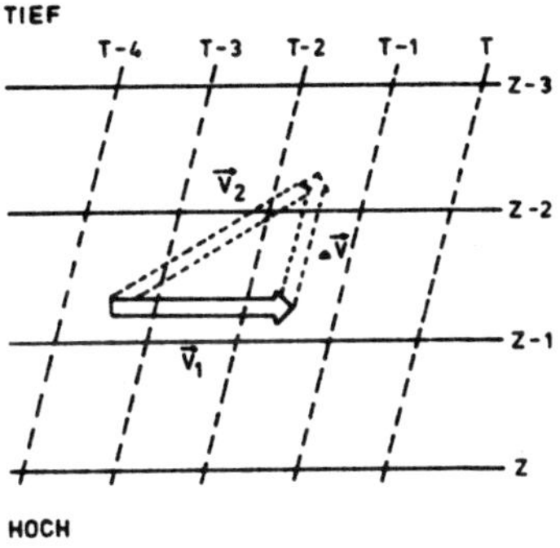

Kaltluftadvektion:
Der Wind dreht mit zunehmender
Höhe nach links.

4)

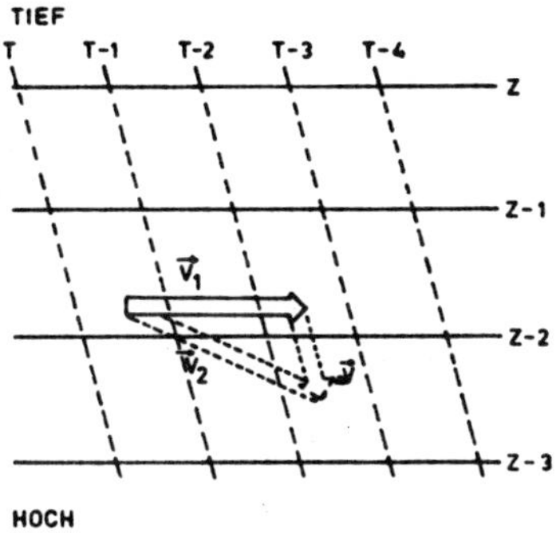

Warmluftadvektion:
Der Wind dreht mit zunehmender
Höhe nach rechts.

9. ALLGEMEINE ZIRKULATION

9.1 Allgemeine Zirkulation

A. Sie ist grundlegend bedingt durch folgende Voraussetzungen:

1. Die differentielle Erwärmung (in Bezug auf die geographische Breite) durch Strahlungsvorgänge (Einstrahlung minus Ausstrahlung).

2. Durch den **Gegensatz Land - Meer** in Bezug auf folgende wesentliche Eigenschaften:
   - Wärmespeicherfähigkeit (im Meer viel grösser als auf dem Land)
   - Albedo
   - Reibung
   - dynamische Wirkung von Gebirgen

3. **Die Erdrotation**
   Anstelle direkter Ausgleichströmungen tritt der geostrophische Wind.

B. Daneben ergibt sich aus der Tatsache, dass das Klima höchstens ganz langsamen und geringfügigen Veränderungen unterworfen ist, die Gültigkeit einer Reihe von **Erhaltungssätzen** mit sehr guter Näherung:

1. **Langfristige Konstanz der Temperaturverteilung**
   Diese verlangt

   a) wegen A(1) einen ganzjährigen **meridionalen Wärme- (oder allgemeiner Energie-) Fluss** mit saisonalen Intensitätsschwankungen (Maximum im Winter, Minimum im Sommer). Meridional heisst vom Aequator zum Pol gerichtet.

   b) infolge A(2) einen Wärmefluss mit saisonal wechselndem Vorzeichen zwischen Land und Meer (sog. monsunale Effekte), der sich dem meridionalen Transport überlagert.

2. **Erhaltung des Drehimpulses**
   Der Drehimpuls pro Masseneinheit in Bezug auf die Erdachse eines Luftteilchens ist

$$I = \frac{\omega'\theta}{m}$$

ω' = Winkelgeschwindigkeit, θ = Trägheitsmoment,
m = Masse des Teilchens

$$\omega' = \omega + \frac{u}{r}$$

ω = Winkelgeschwindigkeit der Erde
u = zonale Geschwindigkeit relativ zur Erde, positiv in Richtung der Erdrotation (Westwind)
r = Abstand von der Erdachse = $R \cos\varphi$
R = Erdradius, φ = geographische Breite

Damit wird der Drehimpuls

$$I = \omega' r^2 = \omega r^2 + ur = \omega R^2 \cos^2\varphi + u R \cos\varphi \qquad 9.1$$

Für das System Erde-Atmosphäre ist der Gesamtdrehimpuls konstant (abgesehen von äusserst langsamen Änderungen durch Gezeitenkräfte). Für Erde und Atmosphäre einzeln sind Änderungen durch Kraftwirkung in der Grenzfläche möglich (Reibung) und werden kurzfristig auch beobachtet.

Aus der beobachteten längerfristigen Konstanz des grossräumigen Strömungsverhältnisses (Klima!) ergibt sich aber der Drehimpuls auch für die Gesamtatmosphäre allein erhalten bleibt.

Durch die Bodenreibung verliert aber die Atmosphäre in der Westwindzone ($u > o$, bezogen auf den Bodenwind) Drehimpuls an die Erde und nimmt solchen in der Ostwindzone auf. Es muss also ein Drehimpulsfluss in der Atmosphäre von der Ost- zu der Westwindzone erfolgen (Fig. 9.1)

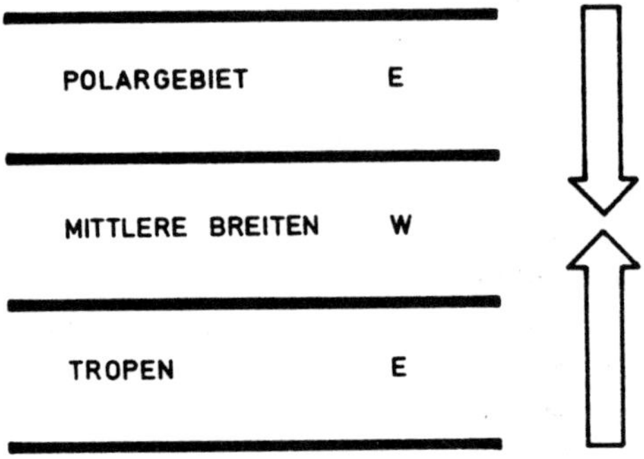

Fig. 9.1 Drehimpulsfluss

3. **Konstanz des Druckfeldes, d.h. der Massenverteilung**

   Es gibt längerfristig keinen resultierenden Massenfluss von einem Teil der Atmosphäre zu einem anderen (hingegen einen saisonalen Transport über den Aequator hinweg).

4. **Der Wasserdampfgehalt bleibt über längere Zeiträume konstant**

   Da Quellen und Senken nicht identisch sind (Quellen: Meeresgebiet vor allem der Subtropen; Senken: Tropen, mittlere und hohe Breiten, vor allem Festland) ergibt sich ein Fluss:

   a) meridional
   b) Meer-Land

   Wegen der hohen Verdampfungswärme besteht eine gesetzmässige Verknüpfung mit dem Energietransport (B(1)) (Transport latenter Wärme).

Zusatz zur Erhaltung des Drehimpulses

Wenn ein Luftteilchen sich kräftefrei (d.h. vor allem ohne Reibung) in der freien Atmosphäre in meridionaler Richtung verschiebt (z.B. vom Aequator zum Pol) ergeben sich aus der Erhaltung des Drehimpulses gesetzmässige Änderungen seiner Zonal-Geschwindigkeit, die aus Gleichung 9.1 abgeleitet werden könnte. Die sich ergebende Richtungsänderung entspricht der Wirkung der Corioliskraft.

$$u_2 = u_1 \frac{\cos\varphi_1}{\cos\varphi_2} + \frac{\omega R (\cos^2\varphi_1 - \cos^2\varphi_2)}{\cos\varphi_2} \qquad 9.2$$

z.B. für $u = o$ aus Aequator

in $\varphi = 30^o$ $\quad u = 134 \frac{m}{sec.}$ $\quad$ mindestens Jetstreamgeschwindigkeit

$\varphi = 60^o$ $\quad u = 700 \frac{m}{sec.}$ $\quad$ völlig unrealistisch

9.2 Folgerungen über die allgemeine Zirkulation

Das einfachste Modell für Energietransport vom Aequator zum Pol stellt die Annahme einer meridionalen Zirkulationszelle mit aufsteigendem Ast über den Tropen und absteigendem Ast über dem Polargebiet dar.

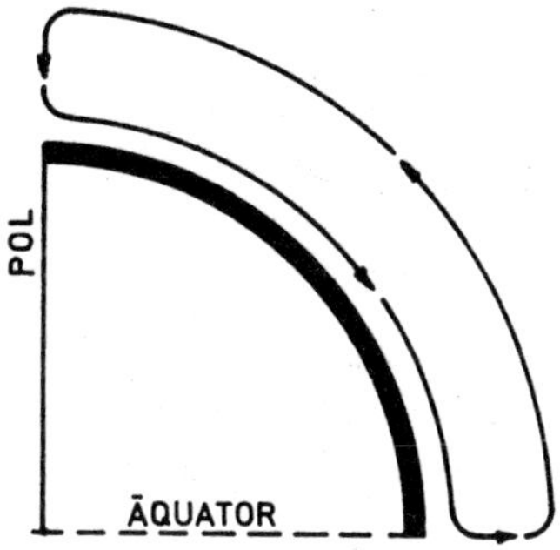

Fig. 9.2 Atmosphärisches Zirkulationsmodell von Hadley

Durch die herrschenden Temperaturgegensätze würde eine solche Zirkulation auch genügend beschleunigt, um gegen die bremsenden Reibungskräfte aufrecht erhalten zu bleiben.

Ein solches Modell wurde schon 1735 durch Hadley (z.T. aufgrund von Windbeobachtungen im Passatgebiet) vorgeschlagen und wird deshalb als **Hadley-Zelle** bezeichnet.

Ein Vergleich mit den aus Gleichung 9.2 sich ergebenden numerischen Resultaten zeigt aber, dass eine vom Aequator zum Pol reichende Hadley-Zelle auf der rotierenden Erde unmöglich ist. Eine Hadley-Zelle existiert zwar, aber der absteigende Ast liegt bereits über den Subtropen, sie ist also auf niedrige Breiten beschränkt und bedingt zusammen mit der ablenkenden Kraft der Erdrotation das Passatwindsystem.

Der absteigende Ast liegt im Bereich der subtropischen Hochdruckzone (Wüstengebiete), der aufsteigende über der intertropischen Konvergenzzone, ITC (tropische Regenzone). Die Lage dieser Zonen verschiebt sich etwas mit der Jahreszeit (im Sommer polwärts) und die Hadleyzelle der Winterhalbkugel (die über den Aequator hinweggreift) ist entsprechend der grösseren Temperaturdifferenz (und dem grösseren benötigten Wärmefluss) viel stärker entwickelt als die anderen.

Über dem Subtropenhoch liegt in der Höhe der subtropische Jetstream, entsprechend der Zunahme der Westwindgeschwindigkeit nach Gleichung 9.2 im polwärts strömenden Antipassat.

Das Passatwindsystem wird an den Ostküsten der grossen Kontinente – vor allem aber im Raume Süd-Ost-Asien – Australien durch die Überlagerung monsunaler Windsysteme wesentlich gestört – der SE-Passat greift mit dieser Überlagerung mit entsprechender Umlenkung durch die Corioliskraft im Nordsommer weiter über den Aequator hinweg bis zum Himalaya (Indischer Monsun) und nach Südost-Asien aus, und – etwas weniger stark ausgeprägt – erfolgt der umgekehrte Vorgang Richtung Australien im Südsommer.

Weitere Modelle mit zusätzlichen Zirkulationszellen in höheren Breiten, wie sie später aufgestellt worden sind, (Fig. 9.3)

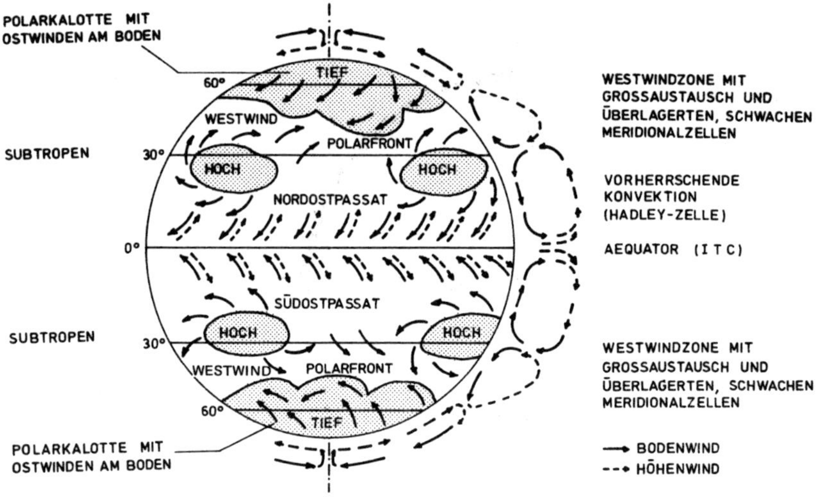

Fig. 9.3 Schema der allgemeinen Zirkulation

erfüllen für sich allein die Randbedingungen die unter A und B aufgezählt sind ebenfalls nicht. Diese Zellen existieren zwar in einer Mittelbildung längs der Breitenkreise, sind aber im Vergleich zur Hadleyzelle nur schwach ausgeprägt. Im Strömungsbild über einem gegebenen Ort werden sie durch die rasch wechselnden Windsysteme der wandernden Zyklonen und Antizyklonen der mittleren und hohen Breiten völlig überdeckt.

Es zeigt sich, dass die durch A und B verlangten Transportvorgänge in mittleren und hohen Breiten im wesentlichen nicht durch meridionale Zirkulationszellen sondern nur durch quasi horizontalen Austausch von Massen in nordsüdlicher Richtung bewerkstelligt werden, wie er im Zusammenhang mit den erwähnten Hoch- und Tiefdrucksystemen auftritt, welche selbst im Bereich der vorherrschenden Westströmung mittlerer Breiten vorzugsweise von West nach Ost ziehen.

Der Gegensatz Land-Meer und die Hinderniswirkung von Gebirgen haben dabei zur Folge, dass die Entwicklung der Wirbel, die vorzugsweise im Bereiche der grössten Temperaturdifferenz in der sog. Frontalzone erfolgt und ebenso die Bildung des Hochdruckgebietes nicht völlig statistisch, sondern mit bestimmten geographischen Präferenzen erfolgt. Die Tiefdrucktröge und Hochdruckrücken treten mit grösserer Wahrscheinlichkeit in bestimmten geographischen Längen auf als in anderen (sog. semipermanente Tröge und Rücken, die in Monatsmittelkarten deutlich hervortreten). Ebenso besteht eine beträchtliche Neigung umfangreicher Hochdruckgebiete, über gewissen Gebieten stationär zu werden (Blockierung der durchgehenden Westströmung) während diese Tendenz in anderen Gegenden geringer wird.

Der Wärmetransport von Süd nach Nord (auf der Nordhalbkugel) ist verbunden mit einer Rückwärtsneigung gegen die Vertikalen der Tief- und Hochdruckachsen (d.h. das Zentrum liegt im allgemeinen in der Höhe weiter westlich als am Boden als Folge der thermischen Wingleichung).

Fig. 9.4 Der Wärmetransport von Süd nach Nord

Ein Transport von Drehimpuls verlangt eine Abweichung der oben gezeichneten Wellen von der reinen Sinusform. Er kann nach Norden (vorzugsweise in relativ niedrigen) oder nach Süden (vorzugsweise in höheren Breiten) gerichtet sein.

Der im Bereich der Subtropen erfolgende grundlegende Umschlag vom Transport durch meridionale Zirkulation in niedrigen Breiten zum Transport durch grossräumigen (quasi-horizontalen) Austauschvorgang in hohen Breiten steht in engem Zusammenhang mit der Zunahme des Coriolisparamter $f = 2\omega \sin\varphi$ wie er auf einer rotierenden Kugel vom Aequator zum Pol erfolgt.

Fultz konnte dies mit einem Laboratoriumsversuch mit einer rotierenden (ebenen) Pfanne zeigen, wo bei zunehmender Winkelgeschwindigkeit bei einer bestimmten Umdrehungszahl der Umschlag von der einen zur anderen Zirkulationsform erfolgt. In der Atmosphäre tritt der Umschlag in umso niedriger Breite ein, je grösser die nordsüdliche Temperaturdifferenz ist (Winter gegen Sommer, Eiszeiten gegenüber Wärmeperioden).

Die typisch grosse Unregelmässigkeit der Austauschvorgänge in mittleren Breiten bedingt den veränderlichen Wettercharakter in diesen Zonen, wie er im Kapitel 10 beschrieben und in einzelnen speziellen Eigenschaften dargestellt wird.

Im Bereich der meridionalen Zirkulationszelle im Passat-Bereich, sowie in Tropen und Subtropen hat der Witterungsablauf einen gesetzmässigen Charakter, obschon auch hier Störungen dieses Zustandes (verbunden mit Druckdifferenzen in westöstlicher Richtung) auftreten können, die sich unter speziellen Voraussetzungen (über Meeresgebieten und vor allem im Spätsommer) gelegentlich zu sog. tropischen Wirbelstürmen (Hurrikane oder Taifune) auswachsen können. Die neueste Forschung hat gezeigt, dass der Wetterablauf auch in dieser Zone komplizierter ist als ursprünglich angenommen.

9.3. Weltweite Klimaverteilung als Funktion der allgemeinen Zirkulation

Die grossräumige Klimaverteilung ist im wesentlichen durch die Eigenschaften der allgemeinen Zirkulation, d.h. der grossräumigen Strömungsverhältnisse in der Atmosphäre bedingt. Die orographischen Verhältnisse (wobei aber wiederum der Verlauf eines Gebirgszugs relativ zu den vorherrschenden, d.h. durch die allgemeine Zirkulation bedingten Strömungsverhältnisse eine Rolle spielt) können dabei kleinräumige Modifikationen bewirken und in noch kleinerem Massstab das spezifische Lokalklima bedingen. Hier soll nur die grossräumige Klimaverteilung diskutiert werden, wobei die von Köppen vor ca. 50 Jahren entwickelte Einteilung in 5 Haupt- und 11 Unterklassen verwendet werden soll (siehe Tabelle 9.1 und Fig. 9.5).

In niedrigeren Breiten (Tropen und Subtropen), d.h. bis etwa 30° oder 35° Breite, spielt die sog. Hadleyzelle, d.h. ein meridionaler Zirkulationsvorgang, eine dominierende Rolle. Polwärts davon bestimmt die vorherrschende Westströmung mit den in ihr eingelagerten "Störungen" den Wetterablauf und damit auch die Klimaverteilung. Diese generellen Verhältnisse werden aber durch den Gegensatz Land/Meer und die unregelmässige Verteilung der Landmassen z.T. beträchtlich modifiziert.

Bereich der Hadleyzelle

In der Nähe des Aequators, wo in Bodennähe der Nordostpassat der Nord- und der Südostpassat der Südhemisphäre in der intertropischen Konvergenzzone (ITC) gegeneinander fliessen, befindet sich der aufsteigende Ast der beiden

Hadleyzellen, womit häufige und intensive Niederschläge meist gewittriger Natur fallen. Über der Tropenzone der grossen Kontinente (z.B. Amazonasbecken) ist die Entwicklung dieser Gewitterzellen wesentlich durch den täglichen Temperaturgang bestimmt, und der Wetterablauf besitzt vor allem einen ausgesprochenen täglichen Rhythmus (Gewitter am Nachmittag). Über dem tropischen Meer entwickelt sich in der vorherrschenden Ostströmung eine Störungszone, in welcher die Gewitterzellen gehäuft und ohne einen dominierenden Tagesgang auftreten; hier herrscht, ähnlich wie in mittleren Breiten, kein regelmässiger Tagesgang vor.

Die Hadleyzellen der beiden Hemisphären sind nur zur Zeit der Tag- und Nachtgleiche ungefähr gleichstark entwickelt, wobei die ITC in der Nähe des Aequators liegt. Zur Zeit der Solstizien (Sonnenhöchst- oder Tiefststand) dominiert die Zelle der Winterhemisphäre, die dann äquatorwärts verschoben ist und auf die andere Hemisphäre übergreift. Die ITC und mit ihr die Hauptrückschlagszone sind dem Sonnenhöchststand wenigstens z.T. folgend in die Sommerhalbkugel verschoben. Diese Wanderung hat zur Folge, dass sich in Aequatornähe zwei Regenzeiten ergeben, gegen den Rand der Tropenzone hin nur noch eine. Der Bereich des tropischen Regenklimas (A im System von Köppen) teilt sich entsprechend in ein tropisches Regenwaldklima ((1), mit höchstens kurzen Trockenzeiten) und ein Savannenklima ((2), mit meist nur einer Regenzeit und einer längeren Trockenzeit) auf. In beiden Gebieten ist der Jahresgang der Temperatur gering, das Mittel des kühlsten Monats liegt über 18° (d.h. höher als der Durchschnitt des wärmsten Monats in Zürich).

Im Bereich des absteigenden Astes der Hadleyzellen, d.h. im Gebiet der subtropischen Hochdruckzone, wird die Luft adiabatisch erwärmt und damit ausgetrocknet. Hier liegen deshalb die grösseren Wüstenzonen der Erde (z.B. Sahara). Da auch dieser Teil der Hadleyzelle sich mit den Jahreszeiten verschiebt, bleibt nur der zentrale Teil des Trockengebietes fast völlig niederschlagsfrei (eigentliches Wüstenklima (4)), Jahresniederschlag (in cm) $\leqslant$ t (mittlere Jahrestemperatur in °C) und $\leqslant t+14$, wenn der Niederschlag zur Zeit der höchsten Temperatur fällt. Die Steppenzone (3) wird durch die doppelte Niederschlagsmenge gegenüber den regenreicheren Klimaten abgegrenzt.

Durch den Gegensatz Land-Meer ergibt sich eine Störung der nach der vorstehenden Beschreibung rein zonalen Anordnung der durch die Hadleyzelle bestimmten Klimazonen, welche vor allem auf der Ostseite der grossen Kontinente durch den jahreszeitlichen Luftaustausch Land-Meer grundlegend modifiziert wird. Das subtropische Trockengebiet ist hier unterbrochen, da im Bereich des Sommermonsuns starke Niederschläge fallen. In diesen Gebieten (z.B. Indien, Südchina etc.) geht das Savannenklima direkt in den Typ C,5 d.h. in die wintertrockene Untergruppe der warmgemässigten Regenklimate über, wobei die Grenze durch die 18°-Isotherme des kühlsten Monats gegeben ist. Man kann die Überlagerung von monsunalen Vorgängen mit der Hadleyzelle auch dadurch beschreiben, dass man sagt, die ITC sei in diesen Gebieten auf der Sommerhemisphäre sehr viel weiter polwärts verschoben als über den Meeresgebieten und über den westlichen Teilen der Kontinente.

Die Niederschlagsarmut der grossen Wüstengebiete, welche den westlichen Teil der Kontinente bedecken, greift weit auf die anschliessenden Ozeane hinaus, wobei die kalten Meeresströmungen die hier auftreten, und deren Temperatur durch Auftrieb von kühlem Tiefwasser im Bereich der ablandigen Passatwinde noch herabgesetzt wird, ihren Teil zur Regenverminderung beitragen, da eine relativ kalte Meeresoberfläche in niedrigen Breiten durch Stabilisierung der atmosphärischen Schichtung den Hauptniederschlagsmechanismus dieser Zonen, die Bildung konvektiver Zellen beeinträchtigt.

Westwindgürtel

Das Auftreten von Störungen in der Westströmung (im Zusammenhang mit meist wandernden Zyklonen und Antizyklonen) ist das charakteristische Merkmal der Zirkulation auf der polwärtigen Seite des subtropischen Hochdruckgürtels. Der Witterungscharakter ist veränderlich und die Niederschlagsmengen sind mit Ausnahme gewisser Gebiete im Innern der grossen Kontinente, wo im Zusammenhang mit der monsunalen Störung die subtropische Wüstenzone polwärts verschoben ist (vor allem Zentralasien), für landwirtschaftliche Nutzung genügend oder beinahe genügend. Regen oder Schnee sind im grössten Teil dieser Zone ganzjährig (mit den weiter unten erwähnten Ausnahmen). Die Abgrenzung der Klimazonen dieser Bereiche (C, D, E mit Ausläufern von B) wird in erster Linie durch die Temperatur gegeben:

Der kälteste Monat der warmgemässigten Regenklimate (C) ist kälter als 18°, aber wärmer als –3°, während die Begrenzung zwischen D (boreale oder Schnee-Waldklimate) und E (eigentliche Schneeklimate) durch die 10°-Isotherme des wärmsten Monats gegeben ist.

An der Grenze zwischen dem Hadleyzellenbereich (Tropen und Subtropen) und den Westwindregionen der mittleren Breite liegt auf der Westseite der Kontinente, wo monsunale Einflüsse zurücktreten, eine sommertrockene Zone (C,6), da diese Gebiete im Sommer im Bereich des absteigenden Astes der Hadleyzelle liegen, im Winter aber durch das Westwindregime dominiert werden. Die Abgrenzung gegenüber C,7, feuchttemperiertes Klima ist durch die Bedingung: Niederschlagsmenge des feuchtesten Wintermonats mindestens 3 mal grösser als die des trockensten Sommermonats, gegeben.

	Land	Meer	Erde	%
		Mill. km^2		
A. Tropisches Regenklima				
1. Trop. Regenwaldklimate	14	103	117	23
2. Savannenklimate	16	51	67	13
B. Trockenklimate				
3. Steppenklimate	21	13	34	7
4. Wüstenklimate	18	2	20	4
C. Warmgemässigte Regenklimate				
5. Warme wintertrockene Klimate	11	1	12	2
6. Warme sommertrockene Klimate (Mittelmeerkl.)	3	11	14	3
7. Feuchttemperierte Klimate	9	103	112	22
D. Boreale od. Schnee-Wald-Klimate				
8. Wintertrockenkalte Klimate	7	1	8	2
9. Winterfeuchtkalte Klimate	25	5	30	6
E. Schneeklimate				
10. Tundrenklimate	10	58	68	13
11. Klimate ewigen Frostes	15	13	28	5

A. Kältester Monat $t > 18^\circ$ C

B. Grenze A – B nach Niederschlag
ebenso B – C
ungefähr r (cm) $< 2t$ und $r < 2(t + 14)$ wenn Regen im heissen Sommer
Wüstengrenze ca. $r \leqslant t$ resp. $r \leqslant t + 14$.

C. Kältester Monat $< 18^\circ$ aber $> -3^\circ$.

D. Kältester Monat $< -3^\circ$, wärmster Monat $> +10^\circ$.

E. Wärmster Monat $< +10^\circ$
(E II wärmster Monat $< 0^\circ$).

Tabelle 9.1: Klimate der Erde (nach Köppen)

Fig. 9.5: DIE KLIMATE DER ERDE (NACH KÖPPEN)

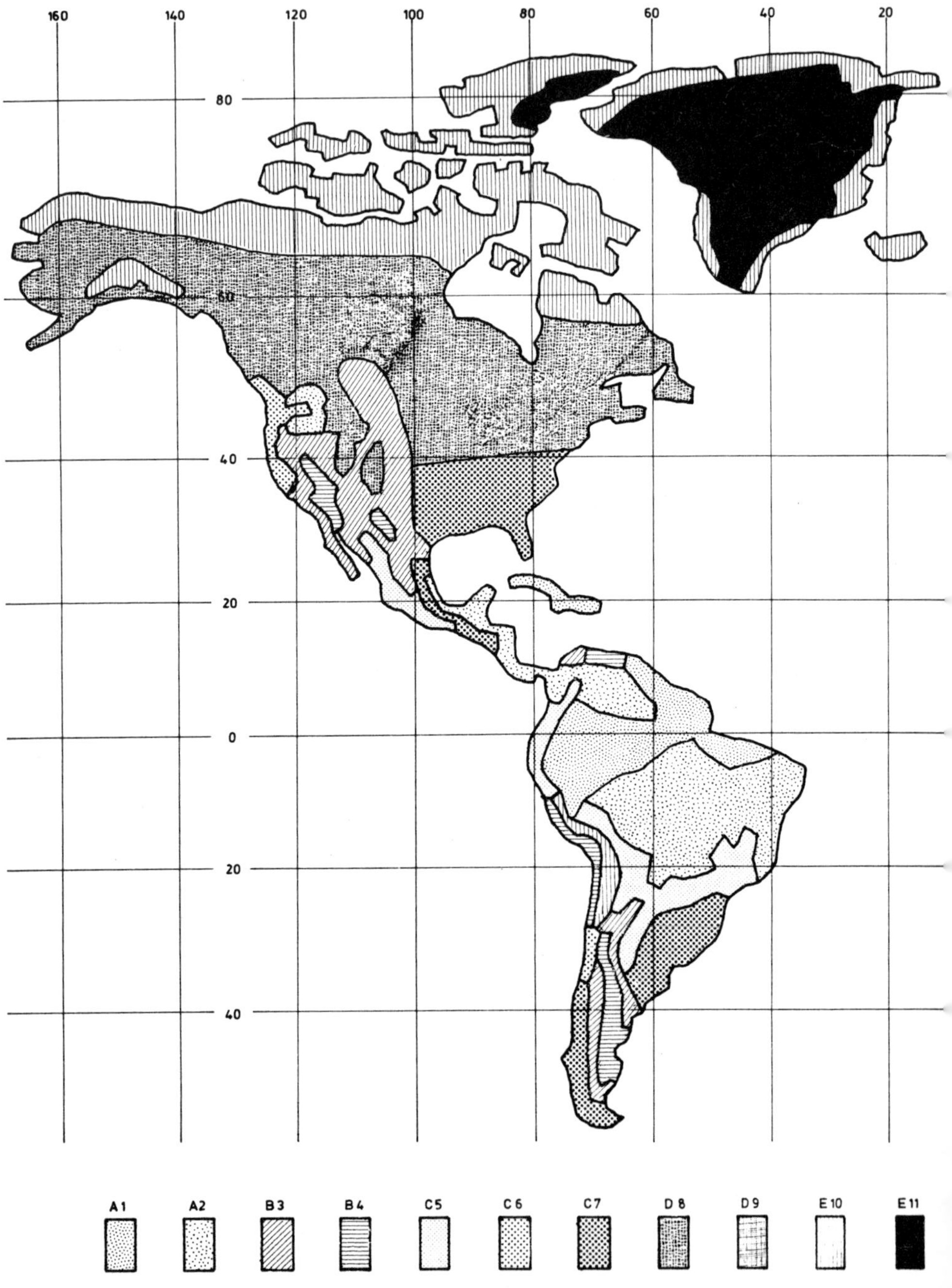

Fig. 9.6: DIE KLIMATE DER ERDE (NACH KÖPPEN)

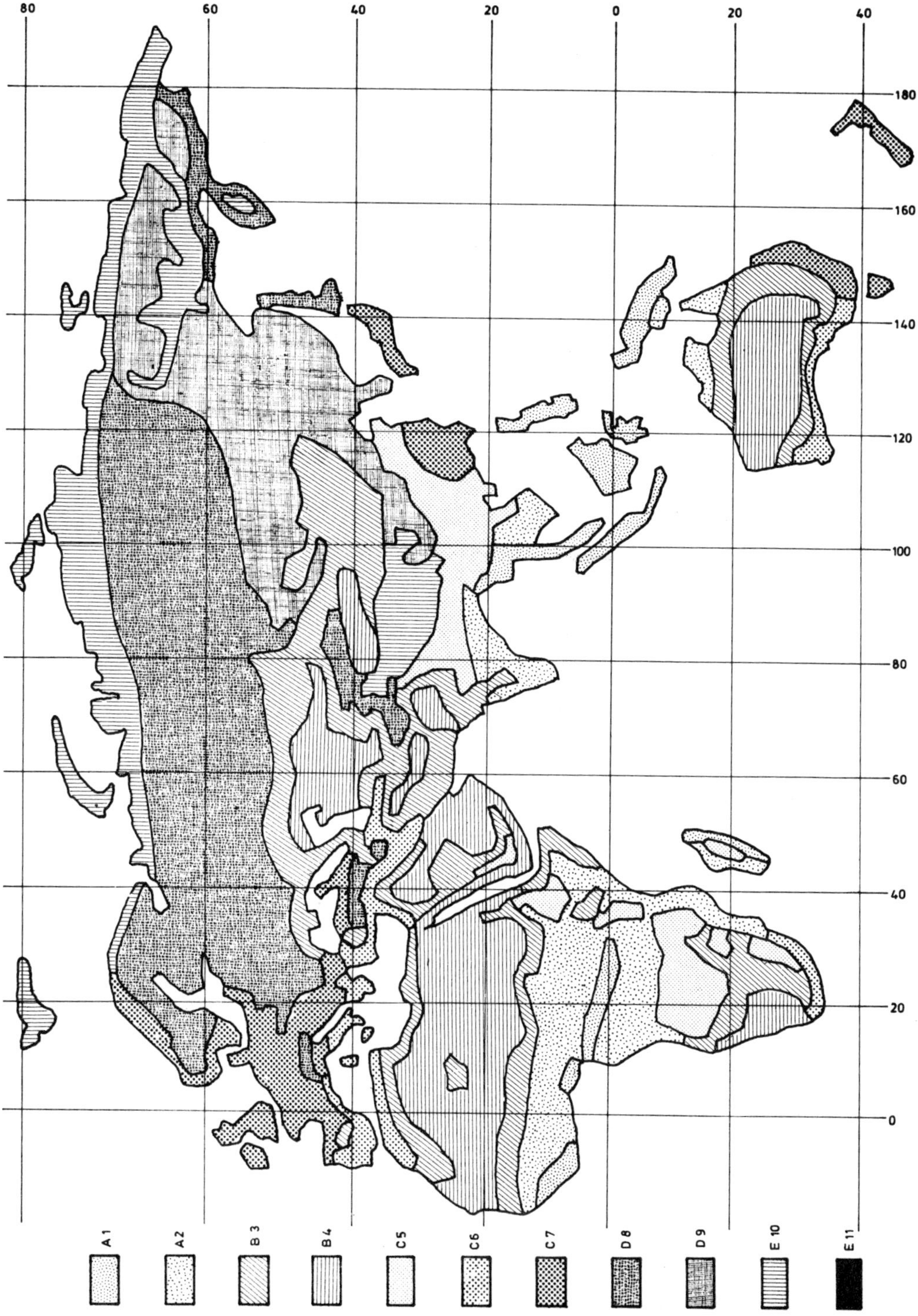

Als wintertrocken (C,5 und D,8) wird ein Typ definiert, wenn der trockenste Wintermonat weniger als 10% der Niederschläge des nassesten Sommermonats aufweist. Diese Klimatypen treten in erster Linie im Bereich der Monsungebiete im Osten der grossen Kontinente auf. D,8 ist auf Ostasien beschränkt, wo die von West nach Ost gerichtete Strömung im Winter nicht mehr genügend Feuchtigkeit zur Verfügung hat, wegen des grossen Abstandes von der Hauptfeuchtigkeitsquelle und auch wegen der extrem tiefen Temperaturen, die hier auftreten. Wegen des von SW nach NE gerichteten Küstenverlaufs und der mit dem Golf von Mexiko verbundenen Wasserdampfquelle fehlen wintertrockene Klimate in Nord-Amerika.

Das feuchttemperierte Klima greift in Europa (Skandinavien) bis über den Polarkreis aus wegen der Wärmewirkung der Golfstromausläufer. (Die höchsten Niederschlagsmengen in gemässigten Breiten sind an der Westküste der Kontinente zu finden (direkter Zustrom von feuchter Meeresluft mit der allgemeinen Strömungsrichtung). Sie greifen in Europa tiefer in den Kontinent ein als in Amerika, wo die küstenparallelen Gebirgszüge einen grossen Teil der Feuchtigkeit zur Ausscheidung bringen.

Die Grenze zwischen E10 (Tundrenklima) und E11 (Klima des ewigen Frostes) ist ungefähr durch die Nullgradgrenze des wärmsten Monats gegeben. E10 weist noch genügendes Pflanzenwachstum auf, um auch noch das Leben höherer Tiere zu erlauben. Die E-Klimate, vor allem E11, sind wieder sehr niederschlagsarm, da die tiefen Temperaturen hohen Feuchtigkeitsgehalt der Luft verhindern.

Sog. Permafrost (unterhalb einer relativ dünnen im Sommer auftauenden Oberflächenschicht bleibt der Boden ganzjährig gefroren) ist nicht auf die Tundrengebiete beschränkt, sondern greift im Bereich der sehr kalten Winter im Innern und im Osten der grossen Kontinente (gegen die winterliche Wärmequelle Meer bei der vorherrschenden Zirkulationsrichtung abgeschirmt) weit in den Bereich der Schnee-Waldklimate (D) aus, obschon dort die Sommertemperatur z.B. in Ostsibirien so hoch steigt wie in Zürich. Die Instabilität dieser Böden erschwert die Ausführung grösserer technischer Bauten beträchtlich. – Während an der Westküste der Kontinente, die der ausgleichenden Wirkung des Meeres voll ausgesetzt sind, die Jahresschwankung der Temperatur (wärmster minus kältester Monat) nur 5 – 10 Grad ausmacht, kann sie im Innern auf 50 – 60 Grad steigen und liegt an den Ostküsten noch sehr viel höher als im Westen.

Die durch die verschiedene Land-Meerverteilung bedingte Asymmetrie zwischen den Hemisphären macht sich vor allem in hohen Breiten stark bemerkbar, wo in der Südhemisphäre der Bereich des ewigen Frostes z.T. über den Polarkreis ausgreift, während er im Nordpolargebiet sehr eingeschränkt ist.

Klimaschwankungen

Seit etwa einer Million Jahren haben (wie das auch in einzelnen früheren erdgeschichtlichen Perioden schon der Fall war) sog. Eiszeiten (Inlandeis über dem nördlichen Teil der grossen Kontinente, in Amerika bis 40° Breite ausgreifend) mit wärmeren Perioden abgewechselt. Auch in historischen Zeiten sind noch beträchtliche Klimaänderungen vorgekommen. (Eine warme Periode im frühen Mittelalter erlaubte es z.B. den Wikingern, Grönland zu besiedeln, durch eine Klimaverschlechterung mit Zunahme der Eisbedeckung der nördlichen Meere (parallel mit einem Vorstoss der Alpengletscher) im 16. Jahrhundert und nochmals um 1800 wurden diese Kolonien vernichtet). Ebenso sind Verschiebungen der Trockenzonengrenzen verbürgt; das heutige Steppengebiet in Nordafrika war die Kornkammer des alten Rom.

Die Ursachen dieser Schwankungen sind noch kaum bekannt. Man weiss nicht einmal, ob sie extraterrestrischer Natur (Schwankungen der Intensität der Sonnenstrahlung) oder durch Vorgänge auf der Erde selbst bedingt sind (z.B. Schwächung der Sonnenstrahlung durch verstärkten Gehalt von vulkanischem Staub in der Stratosphäre, hervorgerufen durch gehäufte Ausbrüche explosiver Natur wie z.B. der des Krakatau im letzten Jahrhundert). Es ist aber auch denkbar, dass das äusserst komplexe System Atmosphäre-Meer-Eis Instabilitäten aufweist, welche solche Schwankungen ohne grössere äussere Anstösse hervorrufen können. Anthropogene Einwirkungen auf dieses System, wie sie heute – gewollt oder ungewollt – möglich erscheinen, müssen deshalb mit grösster Vorsicht verfolgt werden.

Klimamodifikation

a) **ungewollt**

Veränderungen mindestens der lokalen Klimaverhältnisse sind nicht neu. Durch Abholzen grossen Stils wurden z.B. schon im Altertum Veränderungen des Wasserhaushalts bewirkt, die sich auch auf die klimatischen Verhältnisse – Luftfeuchtigkeit, Niederschlag – auswirken konnten.

Es sind vor allem zwei Folgeerscheinungen der modernen Technik, welche zu weltweiten Auswirkungen führen könnten:

1) Die Vermehrung des CO_2-Gehaltes der Atmosphäre durch Verbrennung von fossilem Kohlenstoff: Da CO_2 einen wesentlichen Beitrag zum Treibhauseffekt in der Atmosphäre liefert, erscheint eine Erwärmung als naheliegende

Folge. Wegen der sehr komplexen Wechselwirkungen im System Atmosphäre-Meer lassen sich die Folgen gegenwärtig aber nicht mit Sicherheit abschätzen.

2) Die thermische Belastung der Atmosphäre: Heute ist die anthropogene Energieabgabe an die Atmosphäre noch klein im Vergleich zur solaren Energiezufuhr (< 0.01 %), lokal aber schon vergleichbar und sogar regional in der Grössenordnung einiger Prozente. Man vermutet, dass ein Anstieg auf einige Promille bis 1 % schwerwiegende Auswirkungen auf die Klimaverhältnisse hätte, während gegenwärtig diese sog. "thermische Pollution" nur ein wichtiger Faktor des sog. Stadtklimas ist.

b) **gewollt**

Es sind Projekte, wie das Abschmelzen des Polarmeereises (durch Ausstreuung von Russ auf das Packeis oder durch Abdammung der Beringstrasse mit Auspumpen des kalten Polarmeerwassers, das dann durch Warmwasser aus dem Atlantik ersetzt würde) diskutiert worden, weil man sich eine Verbesserung der klimatischen Verhältnisse in hohen Breiten erhofft. Die heutigen Kenntnisse genügen aber nicht, um die wirklichen Folgen vorauszusagen. Es könnten schwerwiegende Klimaänderungen an anderen Stellen damit verknüpft sein (z.B. Verschiebung der Wüstenzonen) und es gibt sogar eine (allerdings nicht bewiesene) Theorie, nach der ein eisfreies Polarmeer als grosse Feuchtigkeitsquelle die Vorbedingung für die Entwicklung einer Eiszeit wäre.

Wesentliche Wirkungen könnten geplante (in Sibirien, z.T. wohl schon in Ausführung begriffene) Umleitungen grosser Flüsse zu Bewässerungszwecken haben, im erwähnten Fall nicht nur wegen der zusätzlichen Wasserdampfquelle im Innern des Kontinents, sondern wegen der Änderung des Salzgehaltes im Polarmeer, der wiederum zu einer Änderung der Eisverhältnisse führen kann.

Klimasimulation und GARP

Es ist wegen der Möglichkeit gewollter oder ungewollter Klimamodifikation von grösster Bedeutung, dass die Meteorologie rasch zu einem besseren Verständnis des klimabestimmenden komplexen Systems Atmosphäre-Meer-Eis kommt. Zur Erforschung des Klimas und der möglichen menschlichen Einwirkungen verwendet man heute die Methode der Klimasimulation, welche die selben numerischen Modelle der Atmosphäre verwendet, wie sie für die sog. numerische Vorhersage eingesetzt werden. Sie erlauben durch Veränderung gewisser Grössen im Modell (z.B. des CO_2-Gehaltes der Atmosphäre) mit dem Computer "Experimente" durchzuführen. Damit diese Experimente aber die richtige Information liefern, müssen die Modelle die Atmosphäre noch besser nachbilden, als das heute der Fall ist. Es ist eine wesentliche Aufgabe des Global Atmospheric Research Programs (GARP) Fortschritte in dieser Richtung zu bringen, indem ein genügend guter (vollständiger) Datensatz über den Zustand der Atmosphäre und seine Änderung in einem gewissen Zeitraum beschafft wird, und indem eine Reihe von wichtigen physikalischen Beziehungen in grossen Experimenten studiert wird, während gleichzeitig das mathematische "Modelling" weiterentwickelt wird.

10. GROSSWETTERLAGEN IN MITTELEUROPA

10.1 Grundelemente der synoptischen Meteorologie

10.1.1 Druckgebiete

In den im Abschnitt 4.5 beschriebenen Wetterkarten im Isobarenbild stellen sich die Hochdruckgebiete wie Berge, die Tiefdruckgebiete wie Talkessel in einer topographischen Landkarte dar. In derselben Analogie sind auch oft gebrauchte Ausdrücke wie Hochdruckkeil, -brücke, -rücken, Tiefdruckrinne, Talweg, Trog zu verstehen. Fig. 10.1 stellt einige Beispiele in einer Wetterkarte dar.

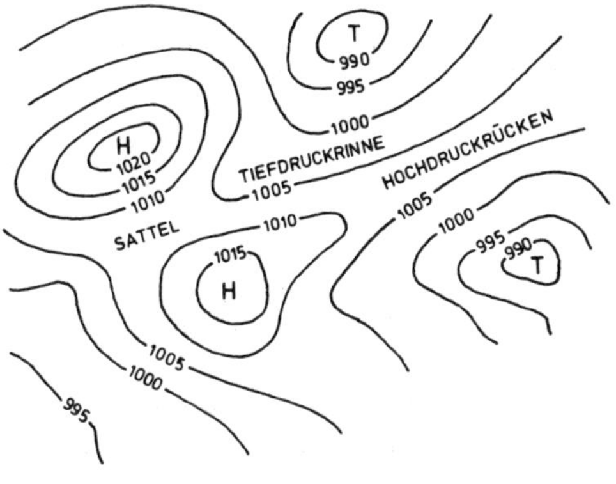

Fig. 10.1: Isobarenkarte.

10.1.2 Die Luftmassen

Als Luftmasse bezeichnen wir ein gewisses Volumen der Atmosphäre, dessen physikalische Eigenschaften mehr oder weniger homogen sind. Diese Eigenschaften können wir nach ihrer Herkunft und nach ihrem thermodynamischen Verhalten klassifizieren.

Nach Herkunft unterscheiden wir:

Arktische Luft (A),	aus dem arktischen Ozean oder dem hohen Norden der Kontinente stammend.
Polare Luft (P),	aus kalten Gebieten hoher oder mittlerer geographischer Breiten – in Europa z.B. vom Nordatlantik – stammend.
Tropische Luft (T),	aus dem subtropischen Hochdruckgürtel stammend.
Aequatoriale Luft (E),	stammt aus der Aequatorgegend, erreicht aber Europa nicht.

Nach ihrem thermodynamischen Verhalten gibt es nur kalte und warme Luftmassen. Als warme Luftmassen bezeichnen wir solche, die entweder wärmer sind als die benachbarten Luftmassen, oder wärmer als die Oberfläche über der sie sich bewegen. Analog wird die kalte Luftmasse definiert. Folgende Tatsachen sollte man sich vor Augen halten:

Die arktische Luft ist immer eine kalte Luftmasse. Die Polarluft kann die Rolle einer wärmeren oder einer kälteren Luftmasse spielen, je nach Herkunftsort, und je nach Jahreszeit. Tropische Luft ist für unsere Breiten immer eine warme Luft.

Während ihrer Fortbewegung können die Luftmassen verschiedenen Einflüssen unterworfen sein. Die wichtigsten davon stehen im Zusammenhang mit dem Klima der von den Luftmassen durchquerten Gebiete.

So spricht man von maritimen und kontinentalen Luftmassen, je nachdem, ob sie eine längere Reise über einem Ozean oder über einem Kontinent hinter sich haben. Es ist klar, dass die Luftmassen über dem Ozean das Bestreben haben, sich mit Wasserdampf zu sättigen, und umgekehrt haben die Luftmassen über den Kontinenten die Neigung, auszutrocknen.

Die in Europa hauptsächlich vorkommenden Luftmassen sind in Tabelle 10.1 und Figur 10.2 aufgeführt.

	Bezeichnung		Abkürzung	Ursprung	Zeitpunkt ihres Erscheinens
Arktisch	maritim kalt		mAK	Grönland, Spitzbergen	Ganzes Jahr, ausgenommen Juli und August
	kontinental kalt		cAK	Nowaja-Semlja, Barent-See, Nordrussland	
Polar	kalt	maritim	mPK	Nordatlantik, Labrador	Ganzes Jahr
		kontinental	cPK	Zentralrussland	Winter
	warm	maritim	mPW	Nordatlantik 50° geogr. Breite	Winter*)
		kontinental	cPW	Südrussland, Balkan	Sommer**)
Tropisch	maritim warm		mTW	Subtropische Meere (Azoren, Mittelmeer)	Ganzes Jahr
	kontinental warm		cTW	Nordafrika, Subtropische Kontinente	Ganzes Jahr

Tabelle 10.1: Luftmassen über West- und Zentraleuropa.

*) Die Luft polaren Ursprungs erwärmt sich im Winter über dem Ozean (letzterer ist gegenüber den Kontinenten relativ warm).

**) Die Polarluft erwärmt sich in den Gebieten mit kontinentalem Klima, also sehr warm im Sommer.

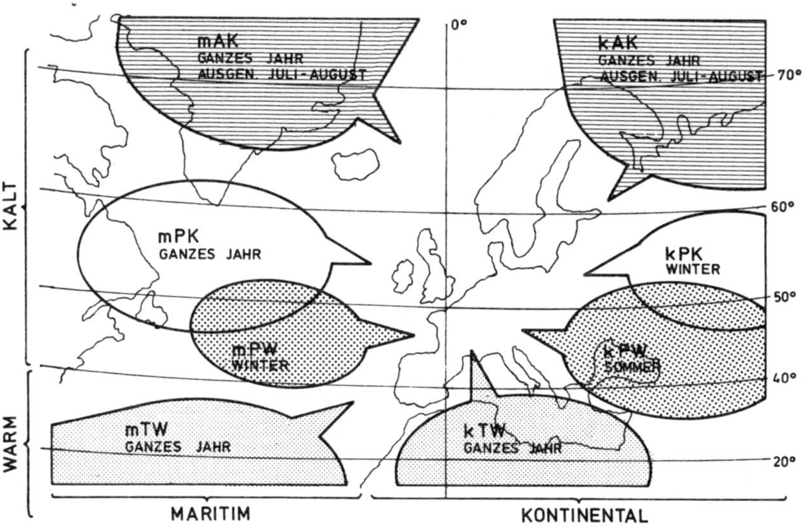

Fig. 10.2: Über West- und Zentraleuropa erscheinende Luftmassen. Schematische Darstellung ihrer Ursprungsgebiete.

10.1.3 Fronten

Wenn zwei Luftmassen verschiedenen Ursprunges und infolgedessen verschiedener Eigenschaften zusammentreffen, sind sie durch eine im allgemeinen scharf markierte Fläche voneinander getrennt. Diese Trennfläche zwischen zwei Luftmassen bezeichnen wir als Front. Die Luftmassen der Polargebiete bilden um jeden Pol eine grosse Kaltluftkalotte. Sie sind von den wärmeren Luftmassen der niederen und mittleren Breiten durch eine Frontenfläche getrennt, welche als Polarfront bezeichnet wird.

Beim Vordringen der kalten Luftmassen nach Süden entstehen an der Polarfront häufig sogenannte Zyklonen (Gebiete niedriger Luftdrucke). Über deren Entstehung hat der Norweger Bjerknes vor etwa 50 Jahren ein Modell aufgestellt, welches auch die Wetterprognose auf eine verbesserte Grundlage gestellt hat.

Danach entsteht an der Polarfront zunächst eine kleine Deformation, auf deren Vorderseite die warme Masse im Süden nach Nordosten vorstösst, während auf ihrer Rückseite sich ein Gegenstoss der Kaltluft zu entwickeln beginnt (Fig. 10.3). Der neu entstehende Wirbel ist im Druckbild noch wenig ausgeprägt.

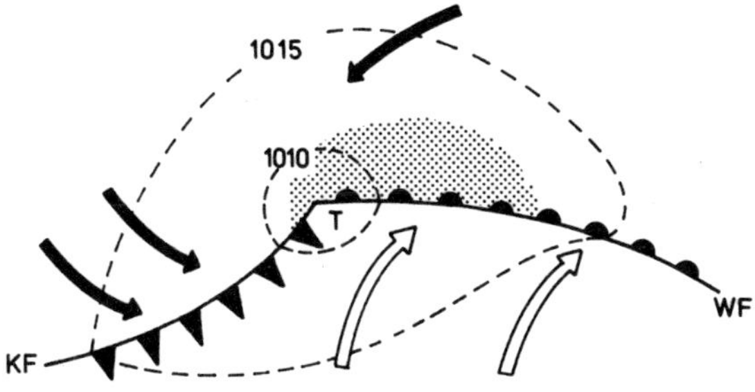

Fig. 10.3: Beginn der Zyklonenbildung: Wellenstörung an der Polarfront.

Die Wettererscheinungen an den Fronten, d.h. an den Grenzflächen zwischen den sich gegeneinander verschiebenden verschieden temperierten Luftmassen, können aber schon recht ausgeprägt sein. In diesem Entwicklungsstadium bewegt sich die Störung im allgemeinen mit grosser Geschwindigkeit nach Osten.

12 bis 24 Stunden später (Fig. 10.4) ist die Zyklone in voller Entwicklung begriffen. Ihr Kerndruck fällt rasch, der sogenannte Warmsektor, das heisst der Bereich auf der Südflanke des Wirbels, in dem die leichte Warmluft den Boden erreicht, nimmt noch einen beträchtlichen Raum ein und erstreckt sich bis zum Zyklonenzentrum.

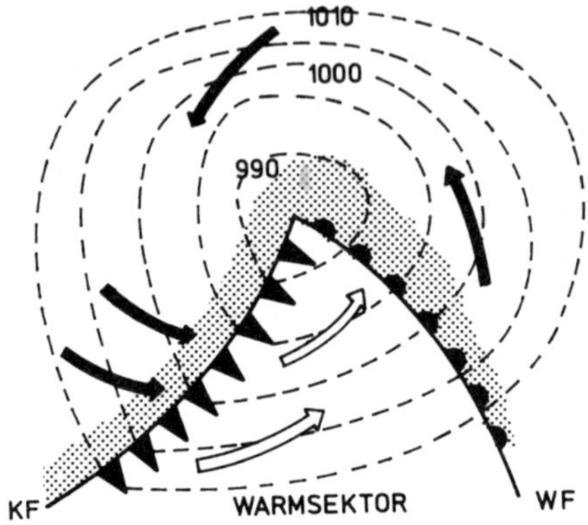

Fig. 10.4: In rascher Entwicklung befindliche junge Zyklone.

Während auf der Vorderseite der Zyklonen die kältere Luft sich nur relativ langsam nach Osten zurückzieht, wobei die rascher fliessende Warmluft über sie aufgleitet, kommt die aktiv vorrückende Polarluft auf der Wirbelrückseite schneller voran, und schliesslich holt – zunächst im zentralen Teil des Wirbels – die Kaltfront die Warmfront ein; die Zyklone ist, wie man sagt, okkludiert (Fig. 10.5). Die Warmluft ist in ihrem inneren Bereich vollständig vom Boden abgehoben.

Mit beginnender Okklusion oder kurz nachher hat der Wirbel, der nun auch in den oberen Luftschichten gut ausgeprägt ist, seine maximale Intensität erreicht. Seine Zuggeschwindigkeit nach Osten hat sich verringert, und er kann sogar stationär werden. Bald darauf setzt im allgemeinen seine Auffüllung ein, während an der Polarfront, welche nun südlich der vollständig von Kaltluft umströmten absterbenden Zyklone verläuft, meist bereits neue Wirbelbildung in Gang gekommen ist.

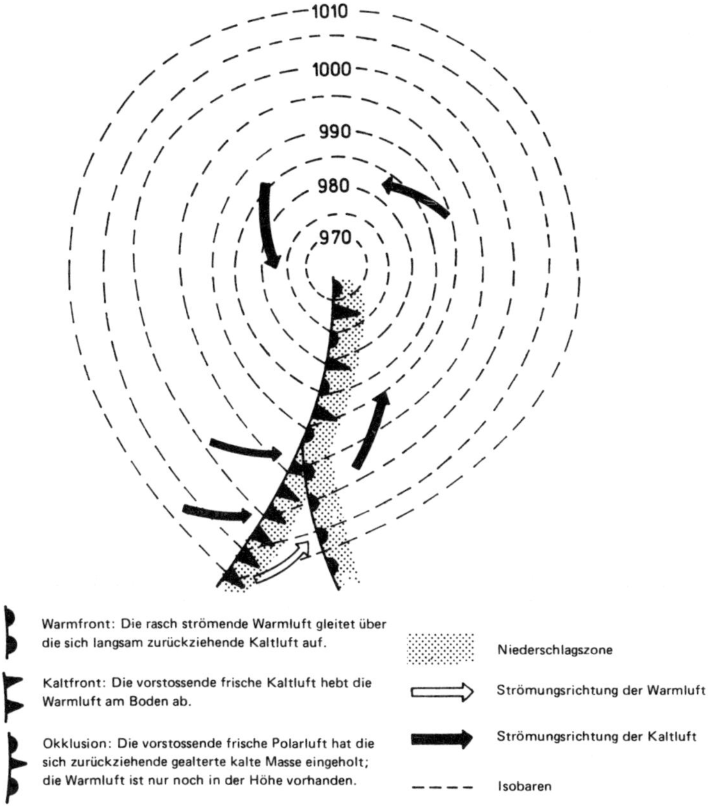

Fig. 10.5: Okkludierte Zyklone, Beginn der Auffüllung.

10.2 Hauptwetterlagen

Man kann die in mittleren Breiten rasch wechselnden Wetterlagen in eine Reihe typischer Fälle einteilen, von denen hier sechs der für unser Land wichtigsten besprochen werden sollen. Sie können noch in zwei Hauptgruppen aufgeteilt werden:

1) bei der Schönwetterlage im zentralen Teil eines Hochdruckgebietes mit absteigender Luftbewegung, dem sogenannten Absinken (Hochdrucklage).

2) bei der Gewitterlage im flachen, sommerlichen Tief, in dem die Luft in ungeordneter aufsteigender und absteigender Bewegung ist (Tiefdrucklage).

Daneben gibt es die Advektionslagen, bei denen das Wetter nicht durch die vertikalen, sondern durch die horizontalen Strömungen bestimmt wird. Dabei wird die Luft aus einer der vier Himmelsrichtungen herkommen, wobei in unserem Lande die Einwirkung der Alpenkette auf diese Schirmung eine wesentliche Rolle spielt. Wir können daher als Haupttypen unterscheiden:

1) **die Bisenlage,** bei der die Luft aus NO-O heranfliesst,

2) **die Föhnlage,** bei der die Luft die Alpen von S her überströmt,

3) **das Westwindwetter** mit Luftzufuhr aus SW-W und

4) **die Staulage,** bei welcher sich die NW-W Strömung an den nördlichen Alpenketten staut.

10.2.1 Hochdrucklage über Mitteleuropa

10.2.1.1 Allgemeine Übersicht

Über ganz Mitteleuropa liegt ein ausgedehntes Hochdruckgebiet, das in der Höhe meistens einen Hochkeil, in manchen Fällen auch einen abgeschlossenen Kern aufweist. Die Luftdruckgradienten sind schwach.

Das Wetter ist im Sommer heiter, trocken, tagsüber warm. In der kälteren Jahreszeit liegen häufig Boden-, teils auch Hochnebel; nächtliche Fröste sind zu beobachten.

10.2.1.2 Sommerliches Hochdruckwetter

Fig. 10.6 zeigt die Druckverteilung zur Zeit des Höhepunktes der Hitzewelle, welche in der ersten Juliwoche 1957 unser Land überzog. Im Meeresniveau ist die Antizyklone recht flach und reicht vom Nordmeer bis nach Zentraleuropa. Der Vergleich mit der Höhenwetterkarte zeigt, dass das Hoch kein einheitliches Gebilde darstellt. Nur der über Mitteleuropa liegende Teil ist aus Warmluft aufgebaut und erscheint als ausgeprägte abgeschlossene Druckzelle in den oberen Luftschichten.

Dabei sinkt in den höheren Luftschichten die Luft langsam ab. Sie bringt neben hohen Temperaturen geringe Feuchtigkeit bis zum Boden und lässt dort das Thermometer auf Maximalwerte steigen. (Am 6.7.57 um 13.30 wurden folgende Temperaturen gemessen: Zürich (431 m) 34° C, Rigi (1454 m) 23° C, Säntis (2500 m) 20° C, Jungfraujoch (3600 m) 8° C).

Das Nordmeerhoch besteht dagegen aus kalten Massen und ist daher wenig stabil; es wandert in östlicher Richtung.

Der geschilderte hochsommerliche Wettercharakter beschränkt sich auf den kontinentalen Teil der Antizyklone, in dessen Bereich zum Teil neue Hitzerekorde erreicht werden. Die untersten 6000 Meter der Atmosphäre sind über den Alpen 20 Grad wärmer als über dem Nordmeer und gut 10 Grad höher temperiert als im Bereich der Zyklone westlich von Portugal.

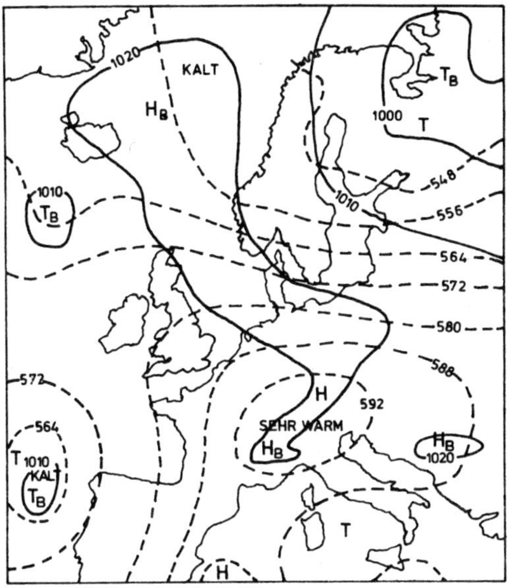

Fig. 10.6: Höhepunkt der Hitzeperiode von Anfang Juli 1957 im Bereich einer stationären Hochdruckzelle über West- und Mitteleuropa. Der nördliche kalte Teil der Antizyklone über dem Nordmeer liegt im Bereich einer westlichen Höhenströmung und zieht rasch nach Osten.

——— Bodendruckverteilung (Zentren → H_B, T_B)

- - - - - Höhenlinien der 500mb-Fläche (Isohypsen) (Zentren → H, T).

10.2.1.3 Winterliches Hochdruckwetter

In der kalten Jahreszeit kann sich die absteigende Strömung, welche im Inneren einer Antizyklone herrscht und in der freien Atmosphäre Erwärmung und Austrocknung der Luft bewirkt, im allgemeinen nicht bis zum Boden durchsetzen. Hier bildet sich durch die dominierende Wirkung der Ausstrahlung in den langen Nächten eine kalte Schicht von einigen 100 bis 1000 m Dicke. In ihr tritt durch die Abkühlung bald Sättigung ein.

An der Obergrenze dieses Kaltluftsees entsteht dann eine geschlossene Wolkendecke, der Hochnebel. Diese graue Decke trennt nun die Atmosphäre in zwei völlig verschiedene Teile; über ihr herrscht in den Bergen in wasserdampfarmer Luft blendender Sonnenschein und frühlingshaft mildes Wetter, darunter wird es kaum recht Tag. Die Wolkendecke reflektiert das Sonnenlicht fast vollständig, strahlt aber gleichzeitig im infraroten Bereich kräftig aus. Die Kaltluftschicht verliert damit kontinuierlich weitere Wärme, so dass entgegen allen normalerweise wirkenden Ausgleichsvorgängen der kräftige Temperatursprung an der Grenzfläche (vergleiche Fig. 10.7) der im Extremfall 10 bis 15 Grad erreichen kann, häufig über Tage bestehen bleibt.

Die Wolkendecke verhindert auch jeden Luftaustausch zwischen den höheren Schichten und der erdnahen kalten Schicht, in welcher sich dann die Abgase und der Staub ansammeln. Der bekannte Londoner Nebel ist eine typische Folge dieser Wetterlage.

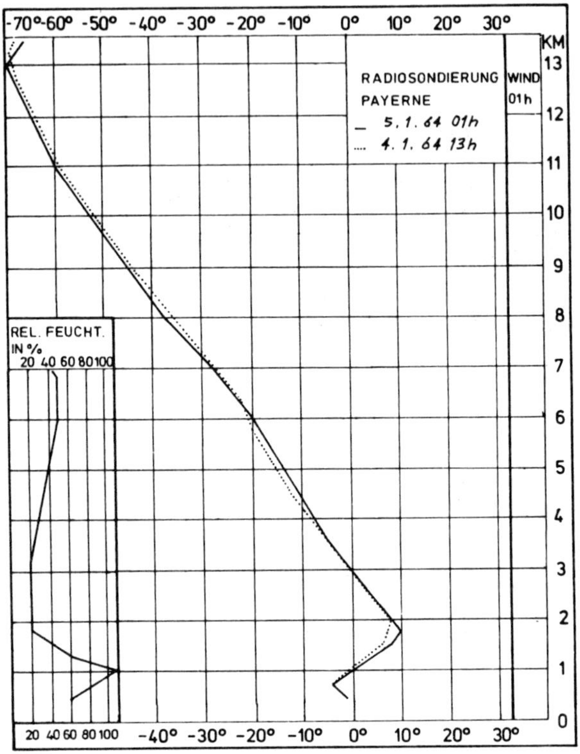

Fig. 10.7:
Tag- und Nachtsondierung über Payerne am 4. Januar 1964. Innerhalb der bodennahen Kaltluft wird der normale Tagesgang der Temperatur durch die Hochnebeldecke verhindert; die Inversion bleibt Tag und Nacht unverändert bestehen.

Fig. 10.8 zeigt eine typische Hochdrucksituation über dem europäischen Kontinent, wobei in den oberen Schichten das antizyklonale Zentrum über dem warmen westlichen Teil des Bodenhochs liegt. Hier ist es im 500mb-Niveau über Frankreich fast 20 Grad wärmer als im Bereich einer Zyklone über Unteritalien, während in Bodennähe die normale Temperaturzunahme von Nord nach Süd beobachtet wird.

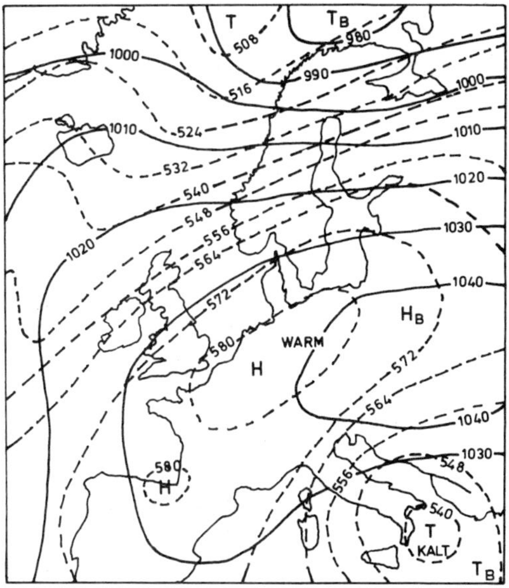

Fig. 10.8: Druckverteilung am 4.1.1964.

In unserem Land liegt die Hochnebeldecke knapp unterhalb von 1000 m – in der in Fig. 10.7 gezeigten Sondierung gekennzeichnet durch 100 Prozent relative Feuchtigkeit und ein scharfes Temperaturminimum.

Darüber liegt die Temperatur bis oberhalb 2500 Meter über dem Gefrierpunkt und erreicht in mittleren Berglagen beinahe 10 Wärmegrade. Gleichzeitig ist die freie Atmosphäre ausserordentlich trocken; der Chasseron meldet 13, Weissfluhjoch 11 und der Säntis nur noch 5 Feuchtigkeitsprozente.

Aus Warmluft aufgebaute Antizyklonen verschieben sich meist nur langsam und können den Wetterablauf gelegentlich mit nur kurzfristigen Unterbrüchen über Wochen dominieren, so dass die mit ihnen verknüpfte Temperatur-Umkehr (d.h. die Abweichung von der normalen Temperaturabnahme mit der Höhe) noch im Monatsmittel zum Ausdruck kommen kann. Der Januar 1964, welchem das hier dargestellte Einzelbeispiel entnommen ist, war auf Chasseron und Rigi-Kulm in 1600 bis 1800 m Höhe 1 bis 1.5 Grad wärmer als in Zürich. Auf dem Säntis wurden 210 sonnige Stunden registriert, während sich in Zürich das Himmelsgestirn nur während 12 Stunden blicken liess, was im gleichen Monat auf dem Säntis die höchste, in Zürich die niedrigste Januarsumme der ganzen Messreihe bedeutet.

10.2.2 Tiefdrucklage über Mitteleuropa

10.2.2.1 Allgemeine Übersicht

Ein abgeschlossener Tiefdruckkern, welcher sowohl am Boden als auch in grossen Höhen kalte Luft enthält (keine Inversion), liegt über Mitteleuropa. Diese Lage kommt häufig dadurch zustande, dass ein weit nach Süden reichender Tiefdrucktrog in den oberen Luftschichten von Zonen höheren Druckes abgeschnitten wird. Diese so eingeschlossene kalte Luft nennt man Kaltlufttropfen. In diesem Tiefdruckkern herrscht normalerweise eine zyklonale Kreisströmung. Dabei treten wiederholt vor allem im Sommer sehr ergiebige, fast stationäre Niederschläge auf, in der kälteren Jahreszeit vielfach als Schnee; im Sommer ist es teils gewittrig und schwül.

10.2.2.2 Winterliche Kaltlufttropfen

Wir betrachten ein Beispiel aus dem extrem kalten Februar 1956. Nachdem auf einer von Nordrussland gegen die Alpen reichenden Bahn in den ersten 10 Tagen des Monats zwei intensive Polarluftschübe Mitteleuropa erreicht hatten, wurde gegen Monatsmitte über Mitteleuropa ein Kaltlufttropfen abgeschnürt, der hier während einer guten Woche sich auf relativ engem Raum bewegte. Da im Bereich der kalten Luft der Druck mit der Höhe rascher abnimmt als in der Umgebung, ist Mitteleuropa in der freien Atmosphäre von einer ausgeprägten Tiefdruckzone überdeckt.

In den zentralen Teilen des Kaltlufttropfens wechseln leichte Schneefälle mit teilweise sonnigem Wetter. Aber auch annähernd wolkenloser Himmel ist in unseren Bergen nicht so tief blau wie im Bereich einer wetterwirksamen Antizyklone, sondern weisslichblass. In der wenig wärmenden Sonnenstrahlung glitzern unzählige feine Eiskristalle, sogenannter Polarschnee, die nur ganz langsam zu Boden sinken; trotz geringem absolutem Feuchtigkeitsgehalt ist die kalte Luft mit Wasserdampf annähernd gesättigt.

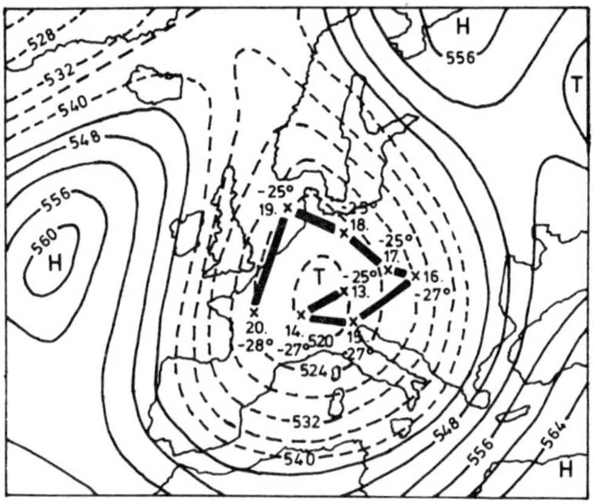

Fig. 10.9: Mittelwerte der absoluten Topographie der 500mb-Fläche (in Dekametern) für die Periode vom 13. bis 20. Februar 1956. **x**: Zentrum des Kaltlufttropfens am beigefügten Datum mit Angabe der mittleren Temperatur zwischen 1000 und 500 mb über diesem Punkt. ▬▬: Zugbahn des Kaltlufttropfens.

Wie Fig. 10.9 zeigt, wandert der im Osten, Norden und Westen von Hochdruckzentren umschlossene Kaltlufttropfen auf annähernd kreisförmiger Bahn durch Mitteleuropa, wobei er sich trotz schon beträchtlicher Sonnenhöhe nur ganz langsam aufwärmt. Die zeitliche Verschiebung des mit seiner Verlagerung verbundenen Temperaturganges in verschiedenen Höhen über unserem Lande (Fig. 10.10) zeigt dabei, dass die Achse der kältesten Luft nicht senkrecht steht, sondern eine beträchtliche Neigung aufweist. Dieser etwas komplizierte Aufbau des kalten Gebildes steht in engem Zusammenhang mit den dynamischen Vorgängen (Vertikalbewegungen).

Es sei noch auf die Schwierigkeit der Wetterprognose bei dieser Lage hingewiesen: Die Kaltlufttropfen bewegen sich meist ungefähr in der Richtung des Bodenwindes, können aber im Bereich schwacher Luftdruckgegensätze annähernd stationär werden oder sich in einem unübersichtlichen Zickzackkurs verlagern. Da Kaltlufttropfen meist mit ausgeprägten Wettererscheinungen verknüpft sind, die mit der Bodendruckverteilung wenig Zusammenhang aufweisen, ist durch ihre unerwartete Verschiebung manche Wetterprognose verdorben worden.

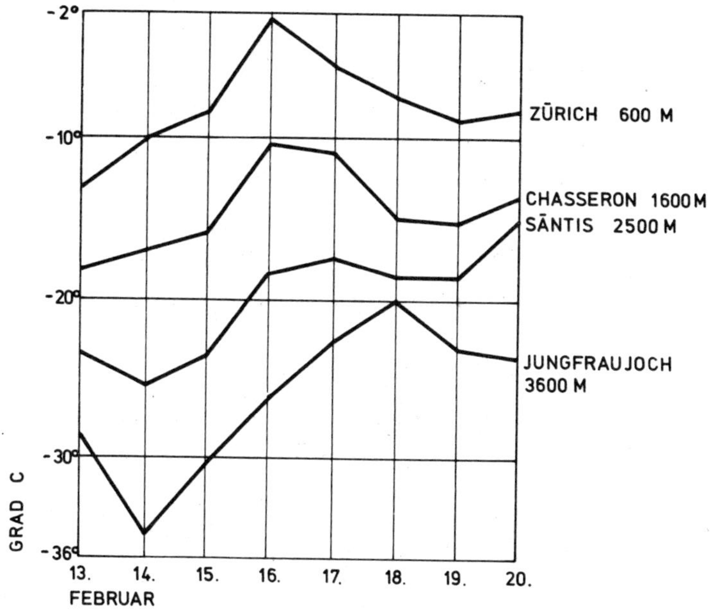

Fig. 10.10: Gang der Tagesmittelwerte in verschiedenen Höhen im Bereich des mitteleuropäischen Höhentiefs zwischen dem 13. und dem 20. Februar 1956.

10.2.2.3 Sommerliche Kaltlufttropfen

Während winterliche Kaltlufttropfen zwar extreme Kältewerte mit sich bringen können, das Wetter aber meistens nicht allzu schlecht ist, bringen sommerliche Kaltlufttropfen starke Niederschläge.

Der Regen kann sowohl in schauerartiger Form im Zentrum der kalten Masse selbst fallen, ist aber meistens besonders intensiv, wenn es in der Begrenzungszone zum Aufgleiten wärmerer Luft kommt, so dass sich zum Teil länger anhaltende Gewitter ausbilden können. Durch orographische Wirkung kann der Effekt noch verstärkt werden.

Wie Fig. 10.11 zeigt, wanderte der Kaltlufttropfen in fünf Tagen, vom Eismeer kommend, nach Mitteleuropa, wo er sich während weiterer drei Tage in langsamer Zickzackbewegung nach Osten verschob, um dann plötzlich beschleunigt ins Innere Russlands abzuziehen, wo er sich schliesslich auflöste.

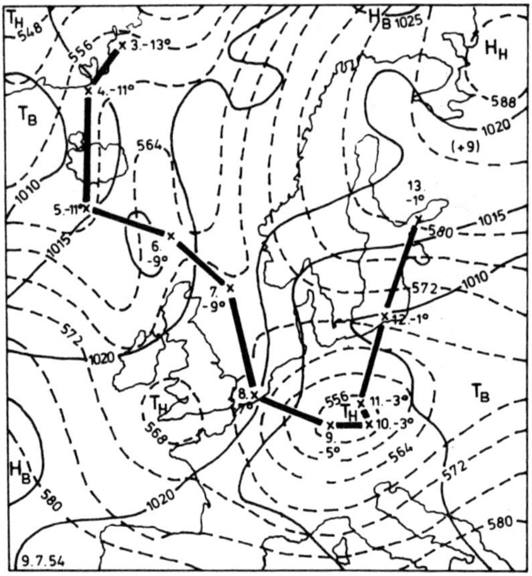

Fig. 10.11: Bodendruckverteilung (Isobaren —— von 5 zu 5 mb, Zentren H_B, T_B) und Isohypsen ---- von 4 zu 4 Dekameter, Zentren H_H, T_H) der 500mb-Fläche am 9.7.54. Die Bahn des Kaltlufttropfens (▬ x ▬) und seine Lage jeweils um 00 Uhr des betreffenden Tages (x) sowie die Mitteltemperatur zwischen 1000 und 500 mb in seinem Zentrum sind eingezeichnet, ferner ist zum Vergleich die entsprechende Temperatur im Bereich der nordrussischen Antizyklone angegeben.

Fig. 10.11 zeigt die Druckverteilung am 9. Juli 1954, als die Schlechtwetterlage, welche mit einem der intensivsten sommerlichen Kaltlufttropfen der letzten zwei Jahrzehnte verknüpft war, ihren Höhepunkt erreichte. Zwar wurde damals weniger unser Land als das östlich anschliessende bayrisch-österreichische Grenzgebiet heimgesucht, wobei in Südbayern in 24 Stunden bis zu 140, in zwei Tagen annähernd 190 mm Regen registriert wurden. Schnee fiel mitten im Hochsommer zeitweise bis auf 800 m hinunter, und auf der Zugspitze wuchs die weisse Decke um annähernd anderthalb Meter an. Schon in mittleren Berglagen war der Winter wieder eingekehrt.

10.2.3 Nordostlage

10.2.3.1 Allgemeine Übersicht

Ein umfangreiches starkes Hochdruckgebiet bedeckt ganz Skandinavien, ein Tiefdruckzentrum liegt über Mittelrussland. Dabei fliesst im Winter kontinentale Kaltluft, im Sommer kontinentale Warmluft von Russland her gegen Mitteleuropa.

Das Wetter ist überwiegend heiter und trocken. Im Winter herrscht bei Zufuhr kalter Luft oft strenger Frost, in den Übergangszeiten ist es gewöhnlich eher kühl, im Sommer dagegen bringt die warme Kontinentalluft warmes bis heisses Wetter mit geringer Gewittertätigkeit.

10.2.3.2 Winterliche Nordostlage

Winterliche Minimalwerte der Temperatur werden im schweizerischen Mittelland nur selten durch direkte Luftzufuhr aus der inneren Arktis, aus dem Bereich des Nordpols ausgelöst, sondern sie sind fast immer mit einem Kaltlufteinbruch aus den nördlichen Teilen des eurasischen Kontinents, aus Nordrussland oder aus den angrenzenden Gebieten Sibiriens verknüpft. Einmal kann sich über den grossen Kontinenten der Energieverlust durch Ausstrahlung in der langen Winternacht viel stärker auswirken als über dem Polarmeer, da das Wärmespeichervermögen des festen Landes sehr klein ist, während der arktische Ozean durch die im Mittel nur etwa zwei Meter dicke Packeisdecke hindurch immer noch beträchtliche Wärmemengen, die durch Meeresströmungen aus niedrigen Breiten laufend zugeführt werden, an die darüberliegende Luft abgeben kann. Die bodennahen Schichten in diesem Gebiet werden daher nie auf die extrem niedrigen Werte abgekühlt, wie man sie aus Nordrussland, Sibirien oder Kanada kennt. Ferner erfolgt der Transport der aus Polnähe stammenden Kaltluft nach West- und Mitteleuropa meist über Nordmeer und Nordsee hinweg, wo über dem während des ganzen Winters eisfreien Meer die unteren Schichten nochmals beträchtlich aufgewärmt werden. Der Weg über die skandinavischen Landmassen und eine teilweise zugefrorene Ostsee wird seltener eingeschlagen. Kontinentale Kaltluft hingegen kann über schneebedecktes Land hinweg, über dem die Wärmezufuhr gering bleibt, gegen die Alpen vorstossen.

Fig. 10.12 zeigt die für den Einbruch kontinentaler Kaltluft typische Wettersituation. Eine mächtige Antizyklone mit Kerndruck über 1045 mb überdeckt den ganzen Norden unseres Kontinents.

Zwischen dem Tief, das westlich von Island liegt, und dem skandinavischen Hoch fliesst milde Meeresluft nun nicht, wie dies in normalen Wintern meist der Fall ist, gegen den Kontinent, sondern über das Nordmeer hinweg gegen den Pol. Zwischen dem skandinavischen Hoch und einem kräftigen Tiefdrucksystem über Mittelrussland hat sich eine durchgehende zum Teil kräftige Ost- bis Nordostströmung von Nordrussland bis zur Biskaya eingestellt. Diese hat eine ungewöhnlich tieftemperierte Luftmasse vom Nordende des Urals in wenigen Tagen nach Mittel- und Westeuropa geführt, wo das Thermometer in Zürich auf 20, auf dem Säntis auf 30 Grad unter Null gefallen ist. In der Westschweiz ist die beissende Kälte dem ungewöhnlich kräftigen Druckgefälle über den Alpen entsprechend mit stürmischer Bise verknüpft. Der Temperatursturz macht im Mittelland wie in Säntishöhe über 20 Grad in zwei bis drei Tagen aus. Die freie Atmosphäre (siehe Temperaturkurven in Fig. 10.12) ist über unserem Land gut 15 Grad kälter als in der Gegend von Spitzbergen und annähernd 30 Grad tiefer temperiert als über dem Atlantik westlich von Irland.

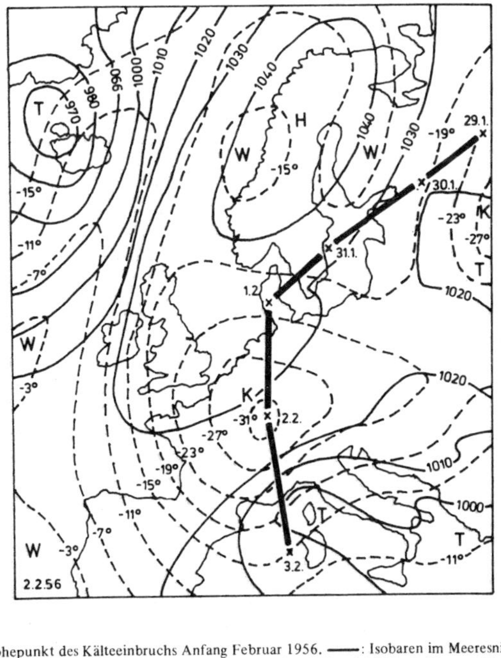

Fig. 10.12: Höhepunkt des Kälteeinbruchs Anfang Februar 1956. ——: Isobaren im Meeresniveau; - - - -: Linien gleicher Mitteltemperatur zwischen 500 und 1000 mb-Niveau (d.h. ungefähr zwischen Boden und 5 km Höhe); ▬x▬ : Zugbahn des Kältezentrums, das sich im betrachteten Zeitpunkt (2.2.1956, 00 Uhr Greenwich-Zeit) in der Nähe unseres Landes befindet; x: Position jeweils um Mitternacht mit Datum.

10.2.4 Südlage

10.2.4.1 Allgemeine Übersicht

Ein umfangreiches Tief liegt mit seinem Kerngebiet im Raume der Britischen Inseln, und über dem Balkan befindet sich ein Hoch. Atlantische Störungen dringen nach Frankreich und Spanien vor und biegen dann scharf nach Norden ab.

Das Wetter ist charakterisiert durch Nordalpenföhn. Zu allen Jahreszeiten, besonders aber im Winter, liegen die Temperaturen wesentlich über den Durchschnittswerten.

10.2.4.2 Entstehung des Föhns

Dieser turbulente, warme und trockene Wind stellt eines der charakteristischen Wetterphänomene der nordalpinen Täler dar (hier hat der heute weltbekannte Wind auch seinen Namen erhalten). Föhnausbruch kann in weniger als einer Stunde das Thermometer um 10 bis 15 Grad ansteigen lassen. Die Berge erhalten ungewöhnlich scharfe Konturen, ferne Gipfel erscheinen plötzlich nahe gerückt. Am Himmel zeigen sich merkwürdige linsenartige Wolkenformen (die sogenannten Föhnfische), die vielfach trotz stürmischem Wind stillzustehen scheinen: Sie sind über gewissen Bergrükken in ständiger Bildung und Auflösung begriffen; man spricht von Hinderniswolken. Über dem südlichen Talabschluss schliesslich erscheint eine Wolkenwand (sog. Föhnmauer), aus der von Zeit zu Zeit einzelne Fetzen herausgerissen werden, die sich aber rasch auflösen. Alle diese Phänomene stehen in enger Beziehung mit den physikalischen Vorgängen, welche der Strömung ihre speziellen Eigenschaften geben. Ursprünglich glaubte man, dass der Föhn seine hohe Temperatur und Trockenheit seiner südlichen Herkunft verdanke; es wurde angenommen, dieser Wind wehe aus der Sahara zu uns. Die Ausdehnung der Beobachtungen auf beide Seiten der Alpen erwies rasch die Unhaltbarkeit dieser Auffassung: im Tessin herrscht nämlich gleichzeitig kühles und regnerisches Wetter. Hohe Temperatur und Trockenheit müssen also gewissermassen an Ort und Stelle entstehen.

Es ist heute klar, dass die Haupteigenschaften des Föhns durch denselben Vorgang entstehen, welcher die Luft im Inneren eines Hochdruckgebietes warm und trocken macht, nämlich durch absteigende Strömung, verbunden mit entsprechender Kompression. Da diese hier viel rascher vor sich geht als im Inneren einer Antizyklone, erfolgt sie wirklich adiabatisch, das heisst ohne Wärmeaustausch mit der Umgebung; die Temperaturzunahme beträgt daher $1^{\circ}/100$ m Höhendifferenz. Die das Reusstal durchbrausende Strömung kommt in Altdorf immer um 17° wärmer an, als sie ungefähr eine Stunde vorher den Gotthard passiert hat. Die Trockenheit ist eine blosse Folge dieser Erwärmung; bei Sättigung auf dem Gotthard misst man in Altdorf ungefähr 35 Prozent relative Feuchtigkeit.

Während absteigende Strömung im Bereiche eines Hochs von der kompensierenden aufsteigenden Bewegung in einer Tiefdruckzone meist durch 1000 und mehr Kilometer getrennt ist, liegen beim Föhn die beiden Äste nahe beieinander. Auf der Alpensüdseite wird durch das orographische Hindernis die heranströmende Luft zum Aufgleiten gezwungen; die damit verbundene Abkühlung führt zur Kondensation; am Alpensüdhang fallen andauernd Niederschläge, die häufig sehr grosse Ergiebigkeit aufweisen, da die vom Mittelmeer zuströmende Luft sich durch einen hohen Feuchtigkeitsgehalt auszeichnet. In der über den Bergkämmen liegenden Föhnmauer wird für den nordalpinen Beobachter die nördliche Begrenzung der die ganze Südabdachung einhüllenden Wolkenmasse sichtbar. In der nun absteigenden, sich erwärmenden Strömung werden die Wolken nördlich des Alpenkamms rasch aufgelöst.

Der bei Föhn beobachtete krasse Temperaturunterschied zwischen den beiden Seiten der Alpen ist im wesentlichen durch das Freiwerden von Kondensationswärme bedingt: die unter Wasserausscheidung aufsteigende Luft kühlt sich langsamer ab, als die trocken-adiabatisch absteigende Luft sich nachher wieder erwärmt.

Wenn wir heute also nicht mehr auf die Sahara als Herkunftsort der trockenen, warmen Föhnluft zurückgreifen müssen, so kommt es doch gelegentlich (und nicht einmal zu selten) vor, dass die von Süden zuströmenden Luftmassen aus diesem Gebiet stammen. Der im Alpengebiet fallende Schnee zeigt dann eine charakteristische gelb-rote Färbung, bedingt durch Wüstenstaub, welcher durch den Niederschlagsprozess aus der Luft ausgewaschen wird. Wenn die ursprüngliche Wüstenluft das Mittelmeer überquert hat, ist sie aber bei ihrer Ankunft feucht, und die Föhneigenschaften werden auch jetzt durch die geschilderten physikalischen Vorgänge im Alpengebiet selbst bedingt.

Wenn sich auch die grundlegenden Eigenschaften des Föhns physikalisch leicht erklären lassen, so gibt doch diese wilde Strömung der meteorologischen Forschung noch manches Rätsel auf. Vor allem ist die Frage immer noch offen, warum die warme und damit leichte Föhnluft stürmisch in die Alpentäler absteigt und die vorher dort liegenden kalten Massen verdrängt, während diese gleichzeitig über dem Mittelland meist liegen bleiben, so dass dort die warme Strömung wieder aufgleitet und sich nur noch auf höher aufragenden Hügelzügen bemerkbar macht. Dieses Abheben der warmen Strömung vom Untergrund findet sogar häufig schon vor dem eigentlichen Austritt aus dem Föhntal statt, im Reusstal vielfach schon über dem Urnersee, im Linthtal meist oberhalb von Glarus. Es sind zwar schon eine

Reihe von Theorien entwickelt worden, welche das Absteigen des Föhns in den Talhintergrund erklären sollen, doch ist bisher noch keine Einigung erfolgt, und die Untersuchungen müssen fortgeführt werden. Die Kanalisierung der Strömung durch die alpinen Quertäler dürfte eine wesentliche Rolle spielen.

Am Alpensüdhang folgt die aufsteigende Strömung im allgemeinen nicht dem Hangprofil; meist ist ein ruhender Kaltluftkeil, in dem durch die ständig fallenden Niederschläge die Feuchtigkeit auf 100 Prozent gehalten wird, zwischen dem anströmenden Südwind und dem Alpenhang eingelagert; in ihm steht das Thermometer noch einige Grade tiefer als in der vom Mittelmeer zuströmenden Luft. Die Temperaturdifferenz gegen die Alpensüdseite wird dadurch noch verstärkt.

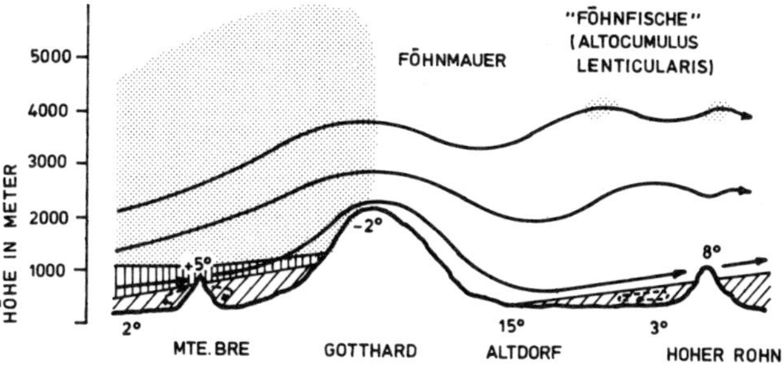

Fig. 10.13: Schema der Föhnströmung: Wolken, ///// bodennahe Kaltluft |||||||| Regen, → starke Strömung. - - - → schwache Strömung in bodennaher Kaltluft, —— vorgelagerter Hügel.

Seitdem man die Natur des Föhnwindes erkannt hat, ist es klar geworden, dass man es hier mit einem weltweiten Phänomen zu tun hat. Überall, wo, getrieben durch die grossräumige Druckverteilung, kräftige Winde Gebirgsbarrieren überqueren müssen, entstehen Fallwinde mit den typischen Eigenschaften des Föhns. So kennt natürlich die Alpensüdseite einen Nordföhn, der ausserordentlich klare Luft und meist noch geringere Luftfeuchtigkeit als sein uns bekannterer Gegenpart bringt: auch der Nordföhn ist meist recht warm, es sei denn, er würde im Gefolge eines kräftigen Kaltlufteinbruches auftreten, der aber dann gegenüber der Alpennordseite um etwa 10 Grad abgeschwächt wird.

Besonders häufig sind Föhnwinde auf der Ostflanke von nordsüd verlaufenden Gebirgszügen, die sich der vorherrschenden, von West nach Ost gerichteten Strömung der mittleren Breiten in den Weg stellen. Berühmt ist der sogenannte Chinook der Rocky Mountains, der an ihrem Ostfuss die winterlichen Temperaturen in kürzester Frist um 20 bis 30 Grad ansteigen lassen kann. Es sind hier lokal – die kanalisierende Topographie spielt bei diesen Winden eine grosse Rolle – Geschwindigkeiten bis 200 Kilometer pro Stunde gemessen worden. Sogar vom grönländischen Inlandeis kann ein warmer Fallwind herabwehen, der zum Beispiel am 26. Januar 1937 an der Westküste in 70 Grad Breite das Thermometer auf 4 Grad über Null hinauftrieb.

Allerdings ist der turbulente Südwind nicht immer ein Freund des Menschen. In den Wäldern und an Gebäuden auf seiner Bahn richtet er nicht selten Schäden an. Besonders gefährlich ist er als Brandstifter. Das vom trockenen Sturm ausgedörrte Holz fängt leicht Feuer, und ist der Brand einmal ausgebrochen, wird er vom Wind von Haus zu Haus weitergetragen.

Doch nicht nur des Menschen Besitz, auch sein Gemüt trifft der Föhn. Wenn in unserem Land jemand Kopfweh hat, lautet seine erste Frage: Haben wir Föhn? Es ist noch keineswegs erklärt, durch welche Faktoren diese Föhnfühligkeit ausgelöst wird. Statistische Untersuchungen werden dadurch kompliziert, dass die Menschen auf die verschiedenen Einwirkungen des Föhns verschieden reagieren. Immerhin vermutet man, die Wellenbildung an der Grenzfläche zwischen der Kaltluft über dem Mittelland und der darüber streichenden Föhnluft könnte eine wesentliche Rolle spielen.

10.2.4.3 Föhnlage

Fig. 10.14 zeigt eine typische Föhndruckverteilung. Das Zentrum eines kräftigen Tiefs liegt über dem Kanal, und ein Ausläufer reicht bis zum westlichen Mittelmeer; über Osteuropa dagegen herrscht relativ hoher Barometerstand. Damit ist eine durchgehende, von Nordafrika bis zur Nord- und Ostsee reichende Südströmung entstanden. Im Alpengebiet sind die Isobaren besonders eng gedrängt, da sich ein als Föhnknie bezeichneter Hochdruckkeil vom Balkan zur Po-Ebene vorschiebt. Diese für Föhnlagen charakteristische Deformation des grossräumigen Druckfeldes ist zum Teil dynamisch, durch die Stauwirkung des Alpenwalls auf die Südströmung, zum Teil thermisch bedingt, da am unmittelbaren Südhang eine kühlere und damit schwerere Luftmasse eingeklemmt ist, über welche die feucht-warme Strömung schon in einigem Abstand vom Gebirge aufzugleiten beginnt. Auch in der freien Atmosphäre herrscht über dem westlichen Teil des Kontinents zwischen Biskaya und Adria eine gleichmässige, kräftige Südsüdwestströmung.

Der Südsturm entwickelte sich in der Nacht, für welche die Druckverteilung hier abgebildet ist, zum sogenannten Dimmerföhn. In diesem Stadium, das relativ selten, bei besonders kräftiger Strömung erreicht wird, steigt die Luft nicht mehr in den Hintergrund der Föhntäler ab, sondern überspringt diesen. Dafür stösst die Föhnströmung nun bis ins Mittelland vor und verdrängt die sonst dort liegenbleibende Kaltluft. In der Nacht vom 1. auf den 2. November 1968 wurden im unteren Zürichseebecken angekettete Schiffe beschädigt, und am vorhergehenden Nachmittag hatte das Thermometer in Zürich 24 Grad erreicht, den höchsten je im November registrierten Wert.

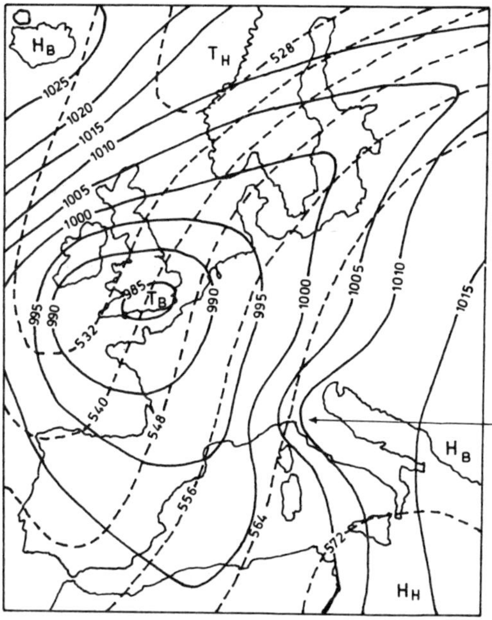

Fig. 10.14: Druckverteilung während der Dimmerföhnlage vom 1./2. November 1968 (2.11.01 MEZ). —— Isobaren des Bodendruckfeldes (Zentren: H_B, T_B), ---- Isohypsen der 500mb-Fläche (Zentren: H_H, T_H). Der Tiefdrucktrog in der freien Atmosphäre ist gegenüber der Bodenzyklone beträchtlich nach Westen verschoben, woraus sich ergibt, dass auf deren Rückseite polare Kaltluft weit nach Süden vorgestossen ist, während auf ihrer Ostflanke Warmluft von Nordafrika gegen die Alpen fliesst.

10.2.5 Westlage

10.2.5.1 Allgemeine Übersicht

Ein Hoch mit Zentrum über den Azoren erstreckt sich mit einem langen Ausläufer bis gegen den Balkan; über Island liegt ein kräftiges Tief, das seinen Einfluss bis nach Nordeuropa geltend macht. Störungen vom Atlantik wandern im Bereich zwischen 50° und 60° nördlicher Breite rasch ostwärts. Das Wetter ist unbeständig und wechselt von teils langanhaltenden, teils schauerartigen Niederschlägen zu halb- bis ganztägigen Aufheiterungen. Im Sommer ist es kühl und es treten einzelne Frontgewitter auf; im Winter ist das Wetter eher mild, die Niederschläge fallen als Regen, höchstens zu Beginn als Schnee.

Je nachdem, wie der Hochdruckrücken verläuft, unterscheidet man eine nördliche und eine südliche Westlage. Bei der nördlichen Westlage verlaufen die Störungen bei etwa 60° nördlicher Breite; die Schweiz befindet sich dann noch im Bereich des Hochs: das Wetter ist relativ warm und freundlich. Bei der südlichen Westlage wandern einzelne Störungen durch unser Land: das Wetter ist trüb und niederschlagsreich.

10.2.5.2 Westwindwetter

In Mitteleuropa werden westliche Winde im Sommer besonders oft beobachtet, wie sich aus dem in der Abbildung dargestellten jahreszeitlichen Verlauf der Häufigkeit dieser Windrichtungen auf dem Säntisgipfel ergibt (Fig. 10.15). Da die westliche Strömung wegen des von Süd nach Nord gerichteten Temperaturgefälles mit der Höhe an Intensität gewinnt, tritt dieses Vorherrschen der Westwinde auf der Bergstation allerdings stärker hervor als im Schweizer Mittelland. Ein zweites, weniger ausgesprochenes Häufigkeitsmaximum ergibt sich im Winter, der uns gleichzeitig die weitaus stärksten Westwinde beschert, da um diese Jahreszeit die Temperaturdifferenz zwischen Aequator und Pol ihr Maximum erreicht. In den Übergangsjahreszeiten treten die meridionalen Strömungsvorgänge stärker in Erscheinung, obschon Westwinde auch dann noch dominieren.

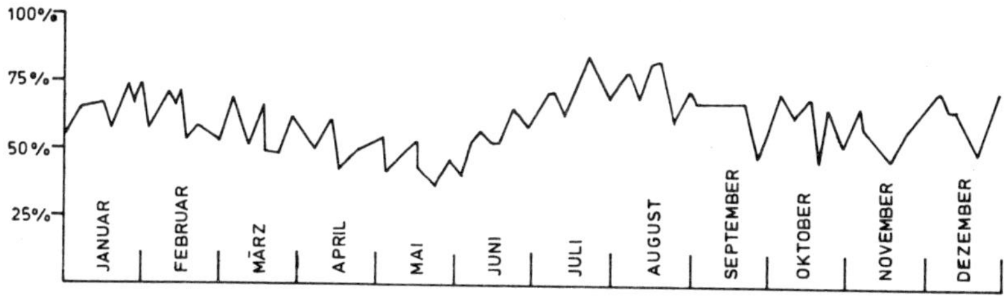

Fig. 10.15: Prozentuale Häufigkeit westlicher Winde (zwischen SW und WNW) auf dem Säntis.

Der Westwindgürtel mittlerer Breiten fällt mit der Zone stärksten meridionalen Temperaturgefälles zusammen, wobei durch die Wirkung der allgemeinen Zirkulation eine Tendenz zur Konzentration der thermischen Gegensätze auf einem relativ schmalen Gürtel besteht. Es bildet sich die sogenannte Polarfront, in der Luftmassen sehr verschiedener Herkunft und entsprechend verschiedener Temperatur unmittelbar aneinandergrenzen. Diese Kontaktzone ist die Brutstätte für junge Zyklonen, deren Entwicklung mit dem Vorrücken warmer Luft nach Nordosten (Warmfront) und dem Gegenstoss kalter Polarluft (Kaltfront) einsetzt. Solche Fronten (in der freien Atmosphäre Grenzflächen, am Boden Grenzlinien zwischen verschieden temperierten Luftkörpern) sind die wetteraktivsten Zonen, auf welche die Niederschlagsbildung zu einem beträchtlichen Prozentsatz konzentriert ist. Da die an der Polarfront entstehenden Zyklonen besonders im Entwicklungsstadium, das heisst bevor sie unter Umständen eine stärkere Deformation der ursprünglichen westlichen Strömung bewirkt haben, mit hoher Geschwindigkeit nach Osten wandern, ziehen auch die mit ihnen verknüpften Fronten in raschem Tempo über das beeinflusste Gebiet hinweg. Westlagen haben damit meist stark wechselhaftes Wetter im Gefolge.

10.2.6 Nordlage

10.2.6.1 Allgemeine Übersicht

Über dem östlichen Nordatlantik liegt ein Hoch, das die durchgehende Westströmung unterbricht. Über Skandinavien und Westrussland befindet sich ein ausgedehntes Tiefdrucksystem. Bei meist böigen nördlichen Winden ist das Wetter sehr wechselhaft und, vor allem an den Nordrändern des Berglandes, teilweise sehr niederschlagsreich (Stauwirkung). Im Winter und Frühjahr treten Schneefälle auf und es besteht Frostgefahr (Eisheilige).

10.2.6.2 Spätfrost bei Nordlage

Während die mit Nordwestwinden aus der Gegend von Island nach Mitteleuropa fliessenden Luftmassen besonders im Winter nicht speziell niedrig temperiert sein müssen, da sie, um ein atlantisches Hoch herumgeführt, ursprünglich aus niedrigen Breiten stammen können, strömt bei eigentlichen Nordlagen arktische Kaltluft auf direktem Wege gegen die Alpen. Ähnlich wie bei Nordweststausituationen steht auch in diesem Fall hoher Druck im Westen einem Wirbel über der Ostsee gegenüber. Doch reicht nun die ostatlantische Antizyklone bis nach Grönland, so dass zwischen den beiden Aktionszentren eine vom Eismeer bis nach Zentraleuropa reichende, gradlinige Nordströmung entsteht.

Obschon die Luft, welche bei solchen Lagen das Alpengebiet erreicht, aus der inneren Arktis stammt, bringt sie im Winter im schweizerischen Mittelland keine Rekordkälte, da sie doch einen längeren Weg über offenes Wasser zurückgelegt hat. Dagegen wird es im Hochgebirge bitter kalt (auf dem Jungfraujoch registrierte man im Februar 1969 bei Nordlage 30 Grad unter Null), da die arktischen Massen in grösseren Höhen noch annähernd die Ursprungstemperaturen mitbringen. Die Schichtung der Atmosphäre wird damit ausgesprochen instabil, so dass häufige Schneeschauer ausgelöst werden, die im Staubereich der Alpen besonders kräftig ausfallen; doch sind die Niederschlagsmengen wegen des geringeren Feuchtigkeitsgehaltes der kalten Luft kleiner als bei Nordweststau.

Besonders gefürchtet sind diese Wetterlagen im Frühjahr, wenn die Erwärmung in Mitteleuropa schon beträchtlich fortgeschritten ist, und bei noch tiefen Wassertemperaturen im Nordmeer und in der Nordsee die Aufwärmung der arktischen Massen auf ihrem Weg nach Süden relativ langsam erfolgt. Schwere Schadenfröste im Mai sind meist an Nordlagen geknüpft.

Fig. 10.17 zeigt die Druckverteilung vom 5. Mai 1957. In der zwischen dem Hoch im Westen und dem Tief im Osten vom Nordpol zur Nordsee reichenden Kaltluftzunge spaltet sich nördlich von Schottland ein selbständiges Kältezentrum (sogenannter Kaltlufttropfen) ab, das bis zum folgenden Morgen mit der starken Nordströmung bereits Westdeutschland erreicht. In seinem Bereich ist die freie Atmosphäre 15 Grad kälter als in der gleichen Breite südlich von Island sowie im Inneren Russlands.

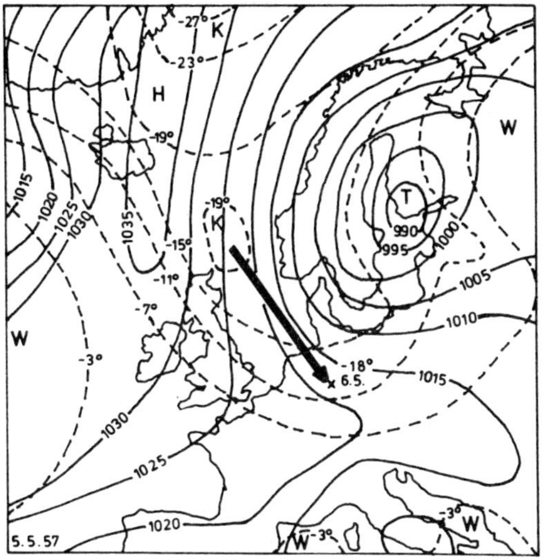

Fig. 10.16: Bodendruckverteilung ——— und Linien gleicher Mitteltemperatur in Grad Celsius - - - - zwischen 1000 und 500 mb Fläche (d.h. ungefähr zwischen Grund und 5500 m Höhe). Mit der starken Nordwestströmung zieht der Kaltlufttropfen nördlich von Schottland in den folgenden 24 Stunden bis nach Westdeutschland (seine Lage am 6. Mai ist mit **x** markiert). Die Erwärmung auf diesem 1000 km langen Weg beträgt nur ein Grad.

Der Kaltlufteinbruch bewirkt bis zum nächsten Tag in den Hochalpen einen Temperatursturz von 13 Grad, und Schnee fällt bis ins Mittelland hinunter. Engelberg in nur 1000 m Höhe erhält über 30 cm Neuschnee. Die mit Aufhellung im Bereich eines schwachen Hochs, das sich anschliessend über Mitteleuropa bildet, verbundene Ausstrahlung bringt in der Nacht zum 8. Mai schwere Fröste (bis zu 7 Kältegrade in exponierten Muldenlagen), die vor allem an den Wein- und Obstkulturen, die nach einem warmen Frühjahr schon weit entwickelt sind, schwere Schäden verursachen.

Da sich die Frosttemperaturen im allgemeinen nur auf eine flache, bodennahe Luftschicht beschränken, bestehen verschiedene Möglichkeiten der Frostbekämpfung. Die einfachste besteht in einer künstlichen Heizung des gefährdeten Geländes. Eine andere Möglichkeit bietet die künstliche Erzeugung einer Nebel- oder auch Rauchdecke, die die unmittelbare Ausstrahlung der Bodenoberfläche abschirmen soll. Ein drittes Verfahren ist die künstliche Durchwirbelung der bodennahen Luftschicht durch grosse Ventilatoren, die die Ausbildung einer Inversion unmittelbar über der Bodenoberfläche verhindern soll. Wieder eine andere Methode ist die sogenannte Überflutung: Hier wird beim Gefrieren der Wassertröpfchen soviel Schmelzwärme frei, dass die Temperatur der berieselten Pflanzen nicht wesentlich unter den Gefrierpunkt absinken kann, und diese unter einem Eispanzer geschützt bleiben.

Frostschäden an Kulturen können natürlich auch durch die Wahl des Geländes nach den lokalen Gegebenheiten vermieden werden.

10.2.7 Nordwestlage

10.2.7.1 Allgemeine Übersicht

Zwischen einer nach Nordosten verschobenen Subtropenhochzelle mit Kern am Westrand Europas und tiefem Luftdruck über dem Nordmeer und Skandinavien verläuft eine Frontalzone vom nördlichen Nordatlantik nordwärts der Britischen Inseln und der Nordsee, in südöstlicher Richtung nach Südosteuropa. Das Wetter ist sehr unbeständig mit häufigen teils schauerartigen und ergiebigen Niederschlägen, im Winter vielfach als Schnee. Ausgeprägte Stauwirkung der Alpen. In allen Jahreszeiten ist es relativ kalt, im Winter kann allerdings in den unteren Schichten eine vorübergehende Milderung eintreten (maskierte Kaltfront).

10.2.7.2 Lawinensituation bei Nordwestlage

Während bei Föhnlagen die Alpensüdseite häufig enorme Regenfälle erhält, entwickelt sich bei nördlicher Strömung eine Stausituation diesseits der Alpen. Die grössten Niederschlagsmengen werden dabei allerdings nicht bei Luftzufuhr aus dem hohen Norden, sondern bei nordwestlichen Winden ausgelöst. Der Feuchtigkeitsgehalt von tieftemperierten, direkt aus der Arktis zuströmenden Massen ist nämlich wesentlich geringer als der vom Nordatlantik aus der Gegend von Island durch solche Luft mitgebrachte, welche auf grosse Strecken über die warmen Ausläufer des Golfstroms hinweggeflossen ist.

Fig. 10.18 zeigt eine für Nordwestlagen typische Druckverteilung. Einem steuernden Hoch südwestlich von Irland steht ein Wirbel über der Ostsee gegenüber. Zwischen den beiden Aktionszentren fliesst feuchte Meeresluft in breitem Strom gegen die Alpen. Während die Antizyklone aus warmen Massen besteht, ist die Zyklone von Kaltluft erfüllt; der Druckgegensatz und damit die Strömungsgeschwindigkeit nimmt daher mit der Höhe zu. Die Grenze zwischen den beiden Luftmassen läuft ebenfalls von Nordwest nach Südost, vom Nordmeer nach Mitteleuropa. An ihr bilden sich Randstörungen, welche mit der starken Strömung gegen die Alpen geführt werden und dort die primär durch Stau ausgelösten Niederschläge noch verstärken.

Charakteristisch ist die Störung des gradlinigen Isobarenverlaufs in unmittelbarer Alpennähe. Der auf der Nordseite der Gebirgskette nach Osten reichende Hochdruckkeil entspricht dem bei Südströmung über der Po-Ebene liegenden Föhnknie, und es ist, wie dieses, durch die Hinderniswirkung der Alpen bedingt.

Nordwestlagen sind während des ganzen Jahres typische Schlechtwetterbringer für das nördliche Alpengebiet; in der hier dargestellten Intensität sind sie aber auf die kalte Jahreszeit mit ihren erhöhten Temperaturgegensätzen und der über dem europäischen Kontinent vorherrschenden Tendenz zur Temperaturabnahme von West nach Ost beschränkt.

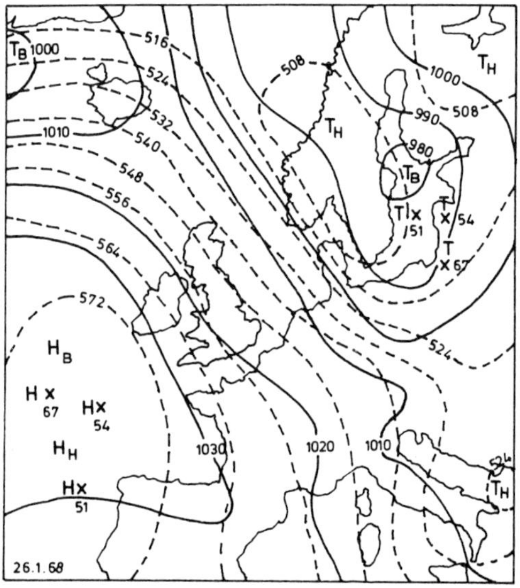

Fig. 10.17: Typische Nordwestlage (Lawinensituation) am 26.1.1968. —— Isobaren in Meeresniveau (Zentren: H_B, T_B), ---- Isohypsen (Höhenlinien) der 500mb-Fläche (Zentren: H_H, T_H). Die Strömungsrichtung in Bodennähe und in 5 km Höhe ist annähernd identisch (paralleler Kurvenverlauf), doch nimmt die Windgeschwindigkeit bis zum 500mb-Niveau um das 2- bis 3-fache zu (engere Scharung der Kurven). **X**: Lage der steuernden Zentren während der Lawinenkatastrophen im Januar 1951 und 1954 bzw. März 1967.

Extreme Nordwestlagen sind damit Lawinenbringer. Die hier dargestellte Situation liess im Laufe der folgenden 24 Stunden die enormen Schneemassen über das Alpengebiet niedergehen, welche die katastrophalen Lawinenniedergänge vom 26. und 27. Januar 1968 in der Gegend von Davos und im Urnerland zur Folge hatten. Wie die auf der Karte eingezeichnete Lage der jeweiligen Aktionszentren zeigt, wurden die beiden schwersten Lawinenkatastrophen der letzten zwanzig Jahre, vom 20./21. Januar 1951 und vom 11./12. Januar 1954, durch fast identische Strömungsverhältnisse bewirkt, und auch nach Mitte März 1967, als fast gleich grosse Schneemengen glücklicherweise auf eine stabilere Unterlage abgelagert wurden, wichen die Verhältnisse nur wenig ab.

Die Bedeutung der Stauwirkung ergibt sich aus dem Verlauf der Kurven gleicher Niederschlagsmengen für die ungefähr 80 Stunden, welche zur Lawinenkatastrophe vom Januar 1968 führten, recht deutlich; während die Gesamtwerte im Mittelland unter 20 mm bleiben (siehe Fig. 10.19) und längs der Rheinlinie auf weniger als 10 Liter pro Quadratmeter sinken, steigen sie durch die Voralpen hindurch rapid an, um im Alpengebiet 100 mm zu überschreiten. Noch schärfer ist naturgemäss der Abfall jenseits des Alpenkamms.

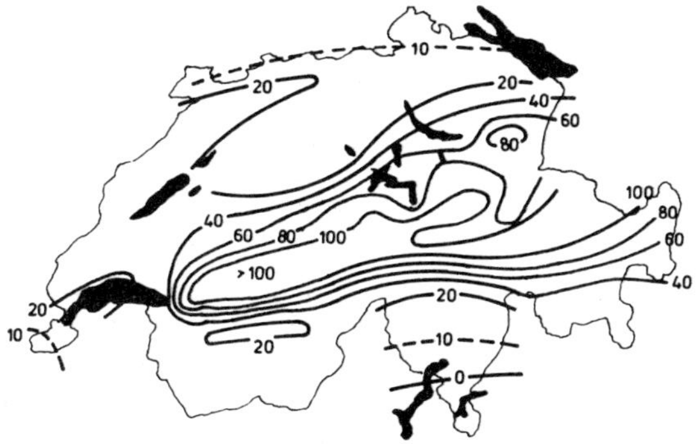

Fig. 10.18: Linien gleicher Niederschlagsmenge (in Schneefallgebiet als Schmelzwasser), während der ungefähr 80 Stunden dauernden Staulage vom 24. bis zum 27. Januar 1968.

Immerhin erhält das obere Tessin noch etwas Niederschlag, und erst das Sottoceneri bleibt völlig trocken. Auch der Jura hebt sich durch eine Zone erhöhter Niederschläge ab; im Vergleich zu den im Voralpengebiet in gleichen Höhen gefallenen, sind sie aber merkwürdig niedrig. Während sich bei dieser Windrichtung im Jura eine gewisse Schattenwirkung der Vogesen und des Schwarzwaldes bemerkbar machen dürfte, wirkt sich der Aufstieg zum Hauptalpenkamm doch schon in den weniger hohen, vorliegenden Bergen aus.

10 mm Niederschlag (Schmelzwasser) entsprechen bei unter dem Gefrierpunkt liegenden Temperaturen ungefähr 15 cm lockerem Neuschnee. Dies bedeutet, dass in dem hier geschilderten Fall in höheren Berglagen 1.5 und mehr Meter Schnee in nur wenigen Tagen niedergegangen sind. Lokal wird aber natürlich diese Menge infolge Verfrachtung durch stürmische Winde gewaltig überschritten. Erst durch die Kombination von Niederschlagsintensität und Windwirkung ergibt sich die maximale Lawinengefährdung, die zudem stark von der Stabilität der schon vorhandenen Unterlage abhängt. Kleine regionale Schneefalldifferenzen, zum Teil durch Zusammenwirkung von Windrichtung und orographischen Verhältnissen bewirkt, können das ihrige beitragen.

Zum Schluss können wir feststellen, dass durch Nordwestlagen ausgelöste Stauniederschläge vor allem den zentral- und ostschweizerischen Alpennordhang sowie Graubünden heimsuchen; Stürme aus West bis Südwest dagegen, wie sie bei vorwiegender Zonalzirkulation auftreten, können im westschweizerischen Alpengebiet hohe Niederschlagsmengen mit sich bringen, da sie dort infolge des Umbiegens der Gebirgskette mit Stauwirkung verbunden sind. Stark betroffen ist in solchen Fällen häufig auch das nach Norden vorgeschobene Alpsteingebiet.

10.3 Witterungsverlauf vom 20.12.1970 bis zum 3.2.1971

Als Anwendungsbeispiel zu den eben besprochenen Wetterlagen gibt Fig. 10.20 den Temperaturverlauf von 4 Messstationen unterschiedlicher Höhe und die folgenden 10 Figuren (10.21 bis 10.30) zeigen Wetterkarten mit den Druckverteilungen in der Zeit zwischen dem 20.12.1970 und dem 3.2.1971.

Der Leser kann daran als Übung den Zusammenhang zwischen Wetterlage und Temperatur näher studieren und die in den vorhergehenden Abschnitten beschriebenen Charakteristiken der einzelnen Wetterlagen anwenden.

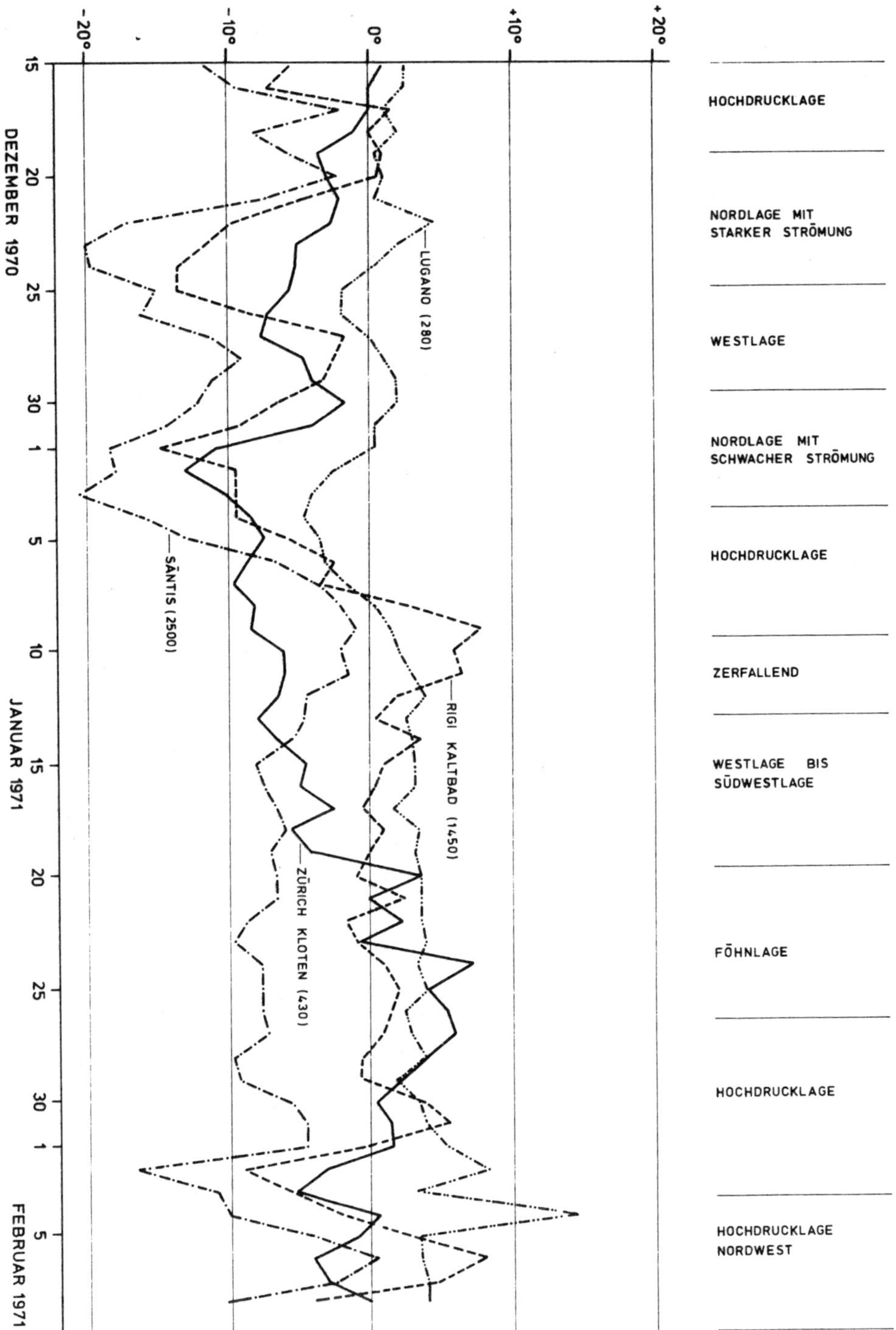

Fig. 10.19: Temperaturverlauf in den Niederungen beidseits der Alpen und an zwei Bergstationen

11. WETTERPROGNOSE UND GLOBALE ATMOSPHÄRENFORSCHUNG

11.1 Wetterprognose

11.1.1 Einteilung von Wetterprognosen

Der Meteorologe unterscheidet heute drei Kategorien von Prognosen:

- die kurzfristige, wie sie von Radio und Presse mehrmals täglich veröffentlicht wird, erstreckt sich über ein bis zwei Tage.
- die Mittelfristprognose versucht, das Wetter für ein Intervall von drei bis sechs Tagen vorauszusagen.
- von einer Langfristprognose spricht man dann, wenn sich die Vorhersage auf eine Woche und länger erstreckt.

Vor allem die Landwirtschaft würde von langfristigen Vorhersagen sehr viel profitieren – man denke zum Beispiel an die bestmögliche Festsetzung von Aussaat und Ernte. Im Baugewerbe würde ein verbesserter Einsatz der vorhandenen Mittel und eine bessere Koordination möglich; die Energieproduktion könnte eine optimale Lastenverteilung erreichen, Transportgewerbe und Fremdenverkehr könnten ebenfalls rationeller arbeiten. Gerade aus diesen Gründen ist aber auch der Schaden, der dann aus einer Langfrist-Fehlprognose resultieren könnte, entsprechend grösser als im Falle der kurzfristigen Vorhersage.

11.1.2 Methode für Wettervorhersage

Als vor rund hundert Jahren aufgrund der Beobachtung, dass eine Verknüpfung des Wetterablaufs in Raum und Zeit über relativ grosse Distanzen besteht, Versuche zur Wettervorhersage auf synoptischer Grundlage (d.h. anhand von Wetterkarten) aufgenommen wurden, waren die in den vorhergehenden Kapiteln beschriebenen Zusammenhänge nur recht oberflächlich bekannt, und es blieb dem Prognostiker nicht viel anderes übrig, als eine Anzahl mehr oder weniger empirischer Regeln aufzustellen, mit deren Hilfe er seine Aufgabe zu lösen versuchte. Die Nichtlinearität der hydrodynamischen Gleichungen bot anderseits der Entwicklung einer praktisch brauchbaren Theorie grosse Schwierigkeiten; strenge Rechnungen mussten auf sehr vereinfachte Modelle wie etwa rotationssymmetrische Wirbel usw. beschränkt werden, welche mit der Wirklichkeit nicht allzu viel zu tun haben. Meteorologische Theorie und prognostische Praxis führten daher ein weitgehend getrenntes Dasein.

Die Entwicklung der Polarfronttheorie (siehe Kapitel 10.1.3) durch Bjerknes und seine Mitarbeiter brachte um 1920, indem sie ein physikalisches Modell der atmosphärischen Vorgänge einführte, einen wichtigen Fortschritt in Richtung auf eine wissenschaftlich fundierte Vorhersage. Eine weitere wesentliche Verbesserung der Prognosengrundlagen war mit der in den dreissiger Jahren durch Konstruktion der Radiosonde ermöglichten Ausdehnung der synoptischen Beobachtungen auf die freie Atmosphäre gegeben. Nachdem diese neuen Daten zunächst auch noch weitgehend empirisch oder mit Hilfe vereinfachender Theorien verwertet werden mussten, bildeten sie schliesslich in den letzten zwei Jahrzehnten die beobachtungstechnische Grundlage für die Entwicklung der sog. numerischen Vorhersage, mit der Vorhersagepraxis und theoretische Meteorologie nun zunehmend zusammengeführt werden.

Die Bezeichnung numerische Wettervorhersage ist zunächst etwas irreführend. Es handelt sich nicht um eine direkte, quantitative Vorhersage des Wetters, wie es einem in all seinen Erscheinungsformen gegenübertritt, sondern um eine Vorausberechnung des zukünftigen grossräumigen Strömungs- und eventuell Temperaturfeldes in der Atmosphäre. Es bleibt, mindestens zunächst, immer noch die Aufgabe des Meteorologen, auf Grund dieser allerdings grossen Hilfe das eigentliche Wetter abzuleiten.

Da es die Nichtlinearität der hydrodynamischen Gleichungen verunmöglicht, zu einer geschlossenen Lösung des allgemeinen Problems zu kommen, d.h. es nicht möglich ist, eine Beziehung abzuleiten, welche aufgrund eines gegebenen Ausgangszustandes die zukünftige Verteilung der Temperatur, des Drucks und des Windvektors als Funktion der Raumkoordinaten und der Zeit formelmässig angibt, sind deren Verteilung numerisch zu bestimmen. Das heisst natürlich, dass dem Resultat keine allgemeine Gültigkeit zukommt, sondern dass es in jedem Fall unter Durchführung aller rechnerischen Einzelschritte neu gewonnen werden muss.

In der praktischen Durchführung muss die vollständige Beschreibung des Kontinuums durch die Angabe einer endlichen Menge von Zahlwerten ersetzt werden, zum Beispiel durch die Angabe der Höhe über Meeresspiegel, in der ein bestimmter Druckwert über einer fixierten Anzahl von Netzpunkten (Fig. 11.1) auftritt.

Alle Differentiale sind entsprechend durch Differenzquotienten zu ersetzen und auch der infinitesimale Zeitschritt in der prognostischen Gleichung durch eine endliche Spanne. Auf dieser Grundlage kann die Vorausberechnung eines künftigen Strömungszustandes aus den gegenwärtigen in eine endliche, wenn auch sehr grosse Anzahl von arithmetischen Einzeloperationen aufgelöst werden. Wenn dies auch recht einfach tönt, so sind die Schwierigkeiten doch beträchtlich, und es ist aus verschiedenen Gründen nicht verwunderlich, dass die Realisation erst in neuester Zeit möglich wurde.

Ein erster, sehr ernsthafter Versuch in dieser Richtung ist allerdings schon fünfzig Jahre alt. Im Jahre 1922 publizierte der Engländer Richardson die Ergebnisse von Untersuchungen und Rechnungen, die er während des ersten Weltkrieges durchgeführt hatte. Er hatte dabei das ganze notwendige Rechenschema für eine numerische Vorhersage ausgearbeitet und auf einen realen Fall angewendet. Richardsons Arbeit muss unbedingt als Pionierleistung gewertet werden; obschon das praktische Resultat ein völliger Fehlschlag war, erhielt er doch eine Druckänderung von 145 mb in sechs Stunden in einem ausgewählten Netzpunkt, das heisst das Hundertfache der beobachteten Variation und etwa das Zehnfache der im Extremfall in solchen Zeitabschnitten auftretenden Änderungen.

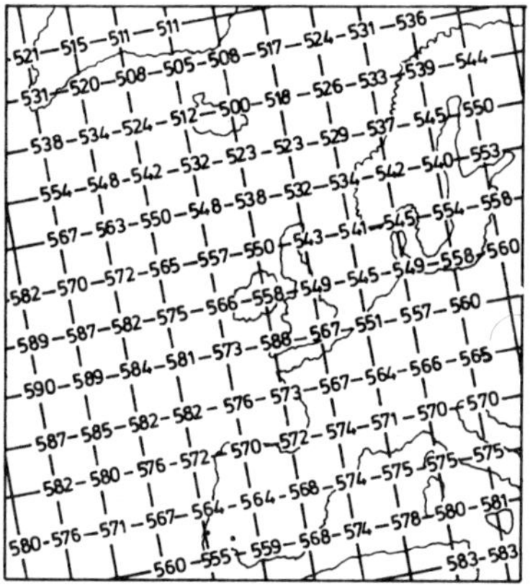

Fig. 11.1: Vorbereitung zur "numerischen Wettervorhersage": Beschreibung der Strömungsverhältnisse in der mittleren Troposphäre durch Angabe einer endlichen Menge von Zahlen (Höhe über Meeresspiegel des 500 mb-Niveaus in Dekametern über festgelegten Gitterpunkten).

Richardsons Versuch konnte damals nicht gelingen. Es war ihm zum Beispiel selber klar, dass der Ausgangszustand nicht genügend genau bekannt war. So blieb denn der Widerhall seiner Arbeit, für welche die Zeit nicht reif war, gering, nicht zuletzt auch weil die technischen Voraussetzungen für eine praktische Realisierung fehlten. In der klaren Erkenntnis, dass solche Methoden nur sinnvoll sind, wenn sie mindestens auf eine ganze Hemisphäre angewendet werden, legte er in seinem Buche folgende grossartige Vision eines kommenden meteorologischen Dienstes nieder: "Unter straffer zentraler Leitung und mit allen notwendigen Kommunikationsmitteln zur Weitergabe von Zwischenresultaten ausgerüstet, arbeitet ein Heer von 60'000 mit Handrechnern ausgestatteten Arbeitskräften an der zeitgerechten Durchführung der numerischen Prognose!" Das heisst natürlich, dass die praktische Durchführung von Richardsons Idee erst durch die Entwicklung von elektronischen Rechenautomaten in den letzten zwanzig Jahren ermöglicht wurde. Diese ersetzen genau das von Richardson postulierte, zentralgesteuerte und exakt koordinierte Heer von Rechensklaven. Es kommt also nicht von ungefähr, dass heute die grössten und schnellsten Rechenmaschinen für numerische Wettervorhersage und damit verknüpfte Probleme eingesetzt werden.

11.1.3 Die Langfristprognose

Während numerische Vorhersagen des kommenden Strömungszustandes in der Atmosphäre und damit des zukünftigen Wetters heute mit befriedigenden Ergebnissen auf etwa drei Tage hinaus möglich sind, und man hoffen kann, sie aufgrund der gegenwärtigen koordinierten Forschung auf diesem Gebiet schon bald auf eine Woche, später vielleicht auf 10 Tage auszudehnen, erscheint eine eigentliche Langfristprognose auf dieser Grundlage als unwahrscheinlich; dieses Ziel muss, wenn es überhaupt erreichbar sein sollte, auf anderem Wege anvisiert werden.

Mit der mathematisch-statistischen Methode hat seit bald dreissig Jahren Baur in Deutschland, der – allerdings nur in ihm günstig scheinenden Fällen – Vorhersagen für ganze Jahreszeiten versucht. Die Wetterdienste der meisten grösseren Länder besitzen heute Langfrist-Abteilungen, welche Prognosen für einen Monat aufstellen. Sie sind naturgemäss sehr allgemein gehalten und geben in erster Linie die im Mittel zu erwartenden Abweichungen von Temperatur und Niederschlag vom langjährigen Durchschnitt an. Es liegen ihnen vor allem statistische Untersuchungen zu Grund, in langjähriger Arbeit zusammengetragene Korrelationen zwischen vergangenem und künftigem Wetter, bzw. vergangenen und künftigen Druck- und Temperaturverteilungen. Aber auch die Verknüpfung mit extraterrestrischen Einwirkungen, wie etwa schwankender Sonnenfleckentätigkeit, wird versucht. Es ist dabei vor allem unbefriedigend, dass die physikalischen Hintergründe der statistisch abgeleiteten Regeln bisher im wesentlichen im Dunkeln geblieben sind. Die Ergebnisse sind entsprechend unsicher – einzelnen Volltreffern stehen völlige Misserfolge gegenüber. Aus diesem Grund macht zum Beispiel der Deutsche Wetterdienst seine Vorhersagen dem Publikum nicht zugänglich. Es handelt sich hier gegenwärtig um interne Forschung.

11.2 Globale Atmosphärenforschung

Seit dem Beginn der Raumfahrt wissen wir, dass Wettersatelliten sich als wesentlich ökonomischere Systeme anbieten als es die konventionellen Wetterstationen, -schiffe und -ballone sind. Dadurch, dass sie z.B. Wolkenbilder von globalem Ausmass liefern, haben sie grosse Bedeutung speziell für den Prognosendienst und für die globale Atmosphärenforschung.

Da es Voraussetzung für eine gute numerische Prognose ist, dass die Ausgangssituation genügend gut angegeben werden kann, wird man im Rahmen des "World Weather Watch" versuchen, im laufenden Jahrzehnt neben den konventionellen Methoden vor allem Wettersatelliten einzusetzen. Parallel dazu ist das "Global Atmospheric Research Program" (GRAP) angelaufen, das mit einer Reihe gezielter Forschungsprojekte die Unterlagen für verbesserte Parametrisierung liefern und das schliesslich im Laufe des Jahrzehnts in einigen grossen, in ihrem Einsatz weit über den World Weather Watch hinausgehenden, mehrmonatigen Experimenten gipfeln soll. Der grosse Unterschied gegenüber früheren weltweiten Messanstrengungen, wie etwa dem geophysikalischen Jahr, besteht darin, dass die Daten laufend in numerischen Modellen verarbeitet werden und damit der weitere Ablauf der Beobachtungen durch die Ergebnisse so gesteuert werden kann, dass ein maximaler Wirkungsgrad erreicht wird.

Neben den Grundlagen für die Verbesserung der numerischen Vorhersage soll das GARP auch die weitere Entwicklung der numerischen Modelle der Atmosphäre ermöglichen, durch die ein besseres Verständnis der allgemeinen Zirkulation und damit der weltweiten Klimaverhältnisse angestrebt wird. Auf diese Weise hofft man auch die natürlichen Schwankungen des Klimas (z.B. Eiszeiten!) verstehen zu lernen und die Gefahren einer anthropogen Beeinflussung des Klimas abschätzen zu können.

WETTERBERICHT DER SCHWEIZERISCHEN METEOROLOGISCHEN ZENTRALANSTALT ZÜRICH

Bulletin de l'Institut Suisse de Météorologie Zurich

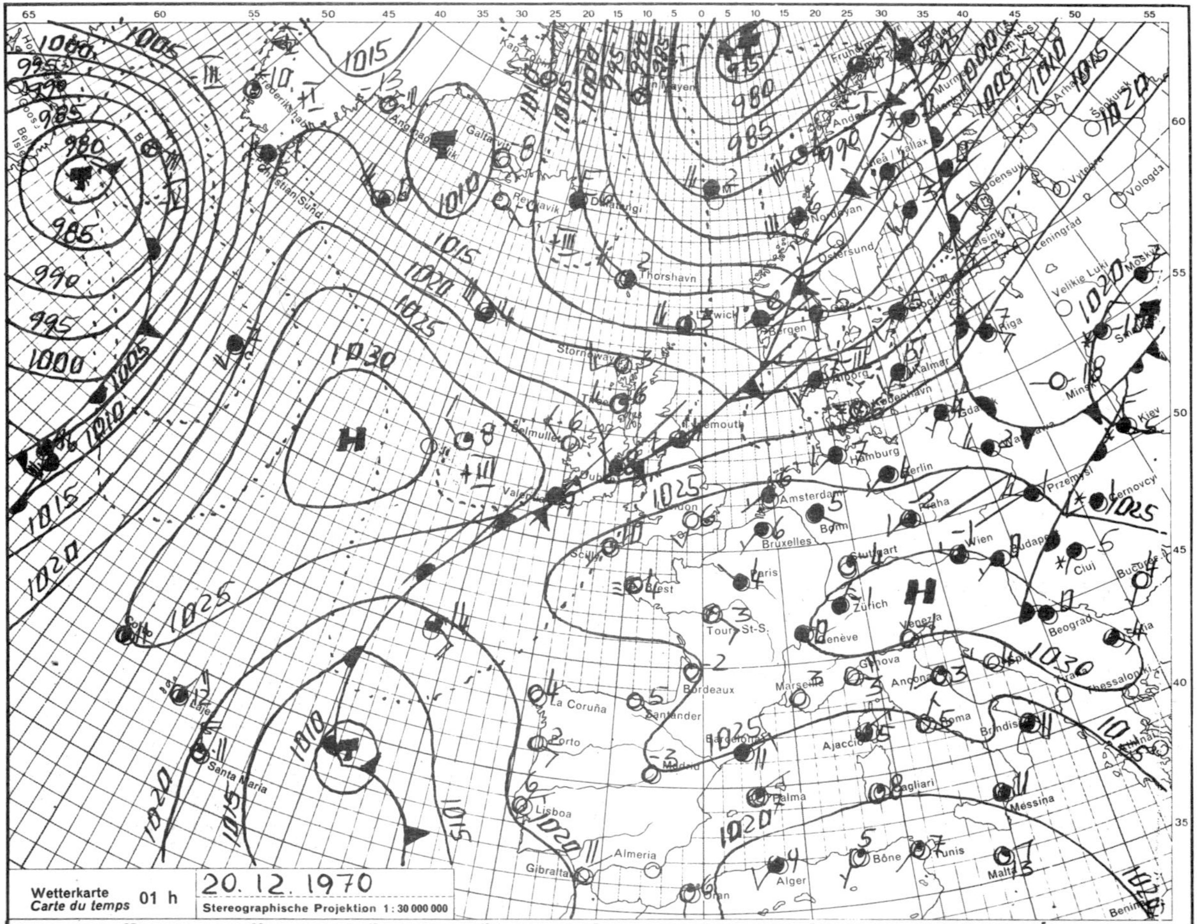

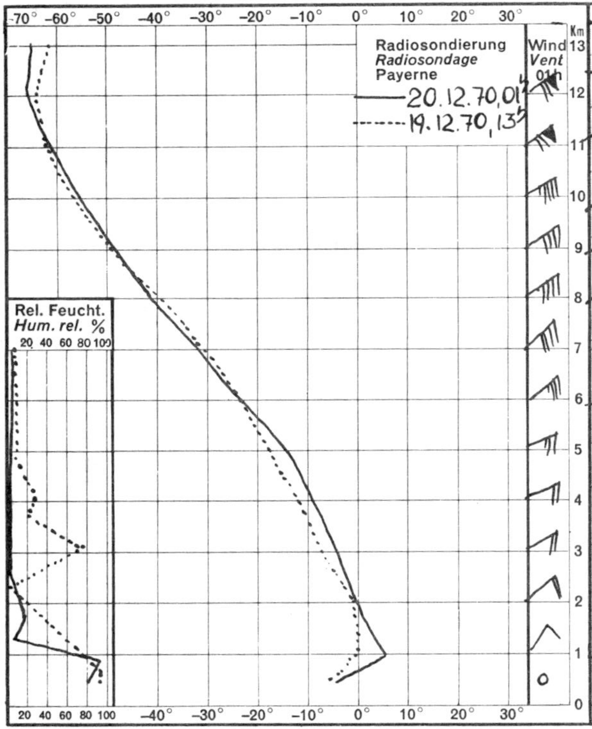
Radiosondierung
Radiosondage
Payerne
20.12.70,01
19.12.70,13
Wind
Vent
01h
Km
Rel. Feucht.
Hum. rel. %

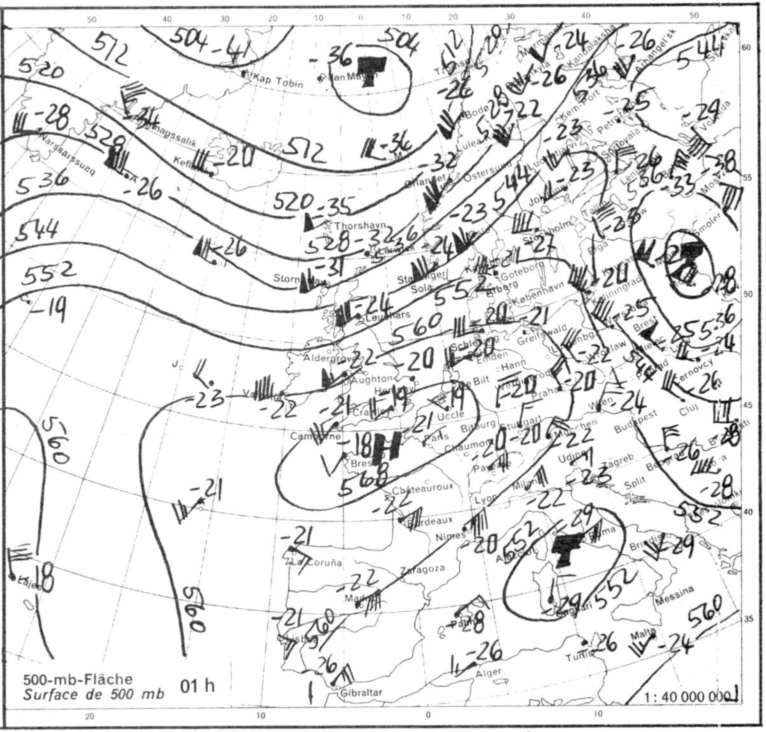
500-mb-Fläche
Surface de 500 mb
01 h
1: 40 000 000

13½ h MEZ HEC 19.12.70				Sonne Soleil	Station	Höhe in Metern Altitude	Baro. Mittel Moyen. (Millim.)	Sonntag, den 20. Dezember 1970 7½ h MEZ HEC						
Temperatur	Feucht Hum. %	Wind Vent	Wetter Temps	Total h				Baromet. (Millim.)	Temperatur	Feucht Hum. %	Wind Vent	Wetter Temps	Bemerkungen Remarques	N'schlag Précipit. in mm
2	80	ENE 1	hell	4.7	Basel	317	734_5	742.2	-3	92	SE 1	hell	Reif	.
-2	100	E 1	Nebel	0.0	Olten	413	726	734.2	-2	93	SSW 1	bedeckt	Rauhreif	.
5	74	S 1	hell		Weißenstein	1228	657_5	662.5	-1	70	SSE 1	hell		.
4	62	SE 1	hell	7.2	La Chaux-d-Fds	990	677	680.0	-3	66	S o	hell	Reif	.
-1	97	E 1	bedeckt	0.0	Neuchâtel	487	719_5	727.5	-2	92	NE 1	bedeckt	Reif	.
0	77	NE 1	hell		Romont	764	696	702.2	-5	98	ESE o	l.bew.	Reif	.
-1	58	NE 3	hell	7.2	La Dôle	1672	622_5	626.2	-2	34	NE 1	hell	≡meer 900m	.
2	91	SSW 1	hell	5.4	Genève-Cointrin	430	725	732.2	-1	83	NE 1	bedeckt	Dunst	.
3	64	S 1	bewölkt	6.8	Lausanne	618	708_5	715.3	-2	97	S 1	bedeckt		.
5	45	SSW 1	hell	6.2	Montreux-Clar.	408	726_5	734.2	-3	87	W 1	hell	Reif	.
6	27	SE o	hell	7.7	Leysin	1358	647_5	651.3	-2	29	NW 2	hell		.
2	58	SE 1	hell	6.7	Sion	549	714	721.9	-7	95	NNE o	hell	Rauhreif	.
					Montana-Verm.	1495	636_5							
2	43	SW 1	hell	4.0	Zermatt	1632	626	630.4	-5	62	W 1	hell	*h 6cm	.
-2	91	N 1	Nebel	0.0	Bern	572	712_5	719.5	-5	91	WSW 1	Nieseln		.
-1	96	NNE 2	bewölkt	0.7	Koppigen-Ö'berg	482	720	728.2	-4	94	WSW 1	bedeckt	Reif	.
-5	65	N o	hell		Saanen-Gstaad	1010	675_5	681.2	-13	97	E o	hell	*h 2cm	.
2	47	S 1	hell	4.6	Interlaken	574	712_5	719.1	-4	89	SW 1	bedeckt		.
4	27	ESE o	hell	4.2	Mürren	1639	625_5	628.8	-4	40	NW 1	hell	*h 7cm	.
-10	14	S 2	hell	7.2	Jungfraujoch	3576	491	492.7	-6	07	SE 2	hell		–
-2	96	N o	bedeckt	0.0	Luzern	498	718_5	726.1	-3	84	NW o	Nebel		.
5	28	E 1	hell	7.8	Rigi-Kaltbad	1453	660_5	643.4	-2	27	WNW o	hell	*h 2cm;≡meer 1000m	.
-2	48	SE 1	hell	2.3	Engelberg	1018	675	680.2	-10	93	SE 2	hell	*h 9cm	.
-2	20	NNE 1	hell	7.4	Gütsch-Oberalp	2285	577	579.9	-1	12	N 1	hell	*h 46cm	.
-2	95	ENE 1	Nebel	0.0	Zürich	569	713	719.8	-3	94	E 1	bedeckt	Dunst	.
-1	60	E 1	hell		Einsiedeln	914	684	689.2	-11	95	W 1	Nebel	*h 8cm; Rauhreif	.
1	80	NNW o	st.bew.	3.1	Altdorf	451	723	730.2	-3	84	S o	bedeckt		.
-3	79	SW o	hell		Glarus	490	719_5	727.2	-7	92	S o	hell	*h 2cm	.
-2	97	E 1	Nebel	0.0	Schaffhausen	457	722_5	729.4	-3	95	WNW 1	bedeckt		.
-1	89	ESE 1	bedeckt		Kreuzlingen	446	723_5	730.2	-1	84	SSW 1	bedeckt		.
-3	98	ESE 1	Nebel	0.0	St. Gallen	664	704_5	711.3	-5	97	ESE 1	Nebel	*h 2cm	.
-4	95	NNW o	bedeckt		Heiden	811	692	697.6	-9	96	SSW 1	bedeckt	*h 5cm	.
-5	20	NE 2	bedeckt	8.3	Säntis	2500	562	564.6	-3	24	E 2	hell	*h 230cm;≡m.800m	.

0	61	WNW	1	hell	2.7	Bad Ragaz	510	717s	725.5	-9	93	SE	1	Nebel	*h 3cm; Glatteis	•
-2	49	S	o	hell		Chur	586	711	718.2	-6	66	SSW	o	hell	*h 1cm	•
2	40	SSW	1	hell	4.8	Disentis	1173	662	667.5	-3	47	NNW	o	hell	*h 2cm	•
-2	27	SW	1	hell	5.8	Arosa	1818	611s	615.2	-4	26	N	1	hell	*h 40cm	•
-3	37	NE	1	hell	5.6	Davos	1588	629	633.3	-8	62	WNW	1	hell	*h 22cm; Reif	•
-7	19	N	1	hell	8.1	Weißfluhjoch	2667	550	552.9	-5	18	NNE	1	hell	*h 121cm	–
-5	65	WSW	o	hell	4.7	Schuls-Tarasp	1253	656	661.8	-11	70	W	1	hell	Reif	•
0	32	E	o	hell	4.5	St. Moritz	1833	610s	614.8	-12	62	NE	o	hell	*h 48cm	•
4	68	SSE	1	hell	6.1	Lugano città	276	737s	746.0	-3	79	N	1	hell		•
4	57	SE	1	hell	6.7	Locarno-Monti	379	728	736.9	-2	60	N	1	hell		•
-2	56	SE	1	hell		Acquarossa	553	714	721.8	-4	78	still		hell	Reif	•
0	48	ESE	o	hell	5.7	San Bernardino	1638	625s	629.6	-11	87	NW	o	l.bew.	*h 51cm	•

Station	Max.	Min.	Station	Max.	Min.	Station	Max.	Min.	Station	Max.	Min.	Station	Max.	Min.
Basel	2	-4	Bern	-2	-5	Säntis	-4	-2	Sion (Aéro)	3	-7	Lugano	5	-3
Genève-Cointrin	3	-3	Zürich	-2	-4	La Dôle	4	-4	Montana			Locarno-Monti	5	-2

Einige Schneehöhenwerte vom 15.-18. Dezember 1970

An amtlichen Schneemessorten **sind** über **ebenem**, **unberührtem** Boden **folgende Werte der Mächtigkeit der bisherigen Winterschneedecke in cm festgestellt worden, wobei** die Zahlen in () nur **einen Messwert** darstellen, **und ein - steht für fehlende Messungen** oder **Messmöglichkeiten.**

Region / Höhenlage	9-1200	12-1500	15-1800	18-2100	21-2400	24-2700 m/M
Südschwarzwald	(1)	(5)	-	-	-	-
Jura	0	(3)	(5)	-	-	-
Vor- und Nordalpen	5 (1-12)	10 (5-30)	(25)	40	(50)	210
Innere Alpen (VS,GR)	(2)	15 (0-20)	15 (0-22)	20 (15-30)	(40)	(125)
Tessin, Oberengadin *)	0	30	45 (15-55)	50 (25-85)	(100)	-
Italienische Alpen	0	2 (0- 5)	10 (5-15)	50	(60)	(80)
Savoyen (11.Dez.)	10	15	(15)	30	55	70

*) und Rheinwaldgeb. / Savoyen : 27-3000 50, 30-3300 75 **und** 33-3600 **m/M** 120 cm.

Die Südstaulage vom 13. und 14. November brachte **der Alpensüdabdachung**, ein Tiefdruckgebiet über den Alpen am 21. **November** der Nordseite **den Aufbau einer Winterschneedecke**, hier jedoch **besonders** westlich des Gotthards nur in bescheidenem Rahmen; **seither fielen** auf beiden Alpenflanken keine wesentlichen Niederschläge mehr.

<u>Die Meerwassertemperaturen um Mitte Dezember</u> **wurden** wie folgt notiert, **wobei** in () die Abweichung vom langjährigen Mittelwert für den Dezember steht. Ostsee : **im Süden 5 Grad** (0), **Mitte** 3 (0); Nordsee **im** Norden 6-8 (-1), im Süden 8 (-1); **Kanal und Irische See** 10-11 (0), **Biskaya im** Norden 13 (+1), **im** Süden 15 (+1,5); **westl.** Portugal 16-18 (+2), **Kanarische** Inseln 19-20 (0); Mittelmeer im Norden 15 (+1,5), Ionisches **Meer** 17 (+1), Griechenland-Kreta 19 Grad (+1,5 Grad).

WETTERBERICHT DER SCHWEIZERISCHEN METEOROLOGISCHEN ZENTRALANSTALT ZÜRICH

Bulletin de l'Institut Suisse de Météorologie Zurich

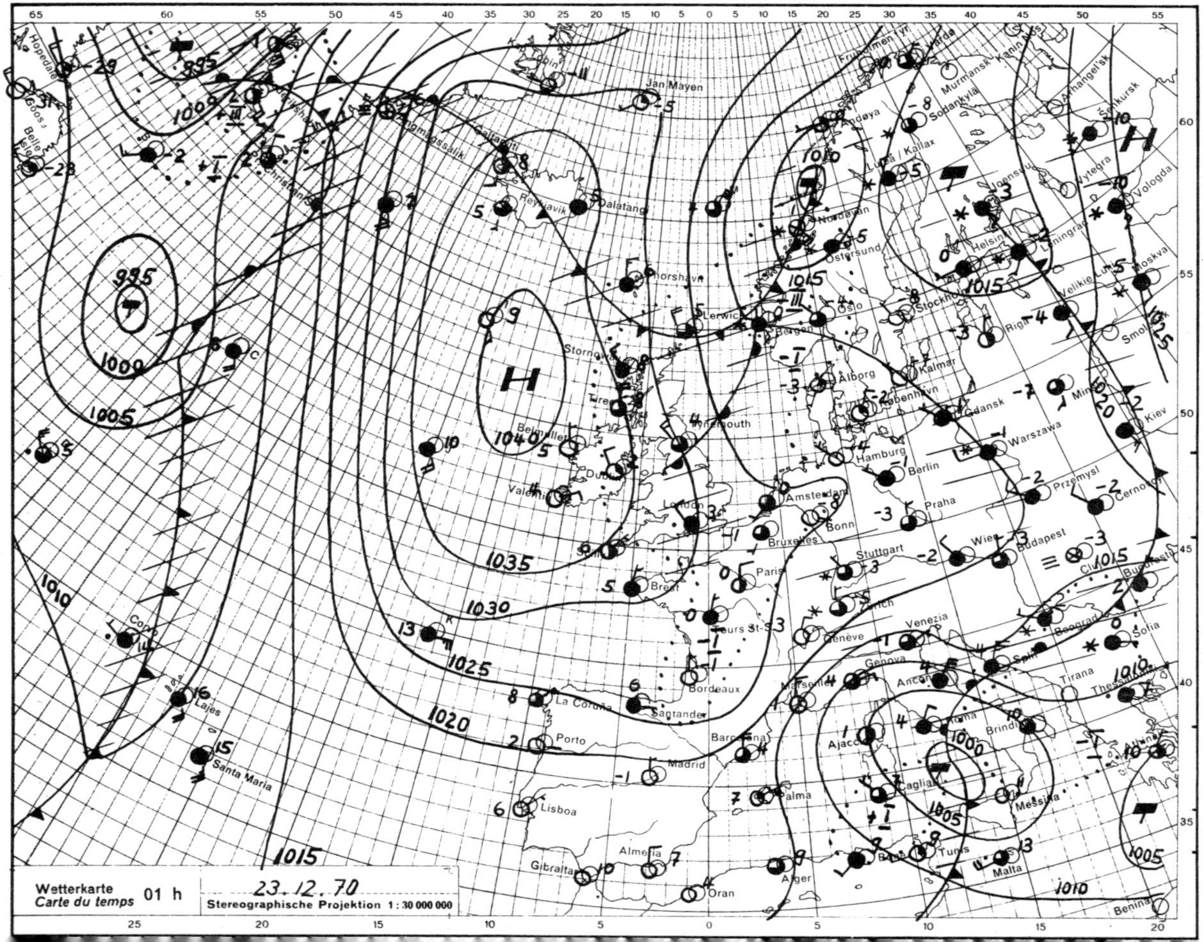

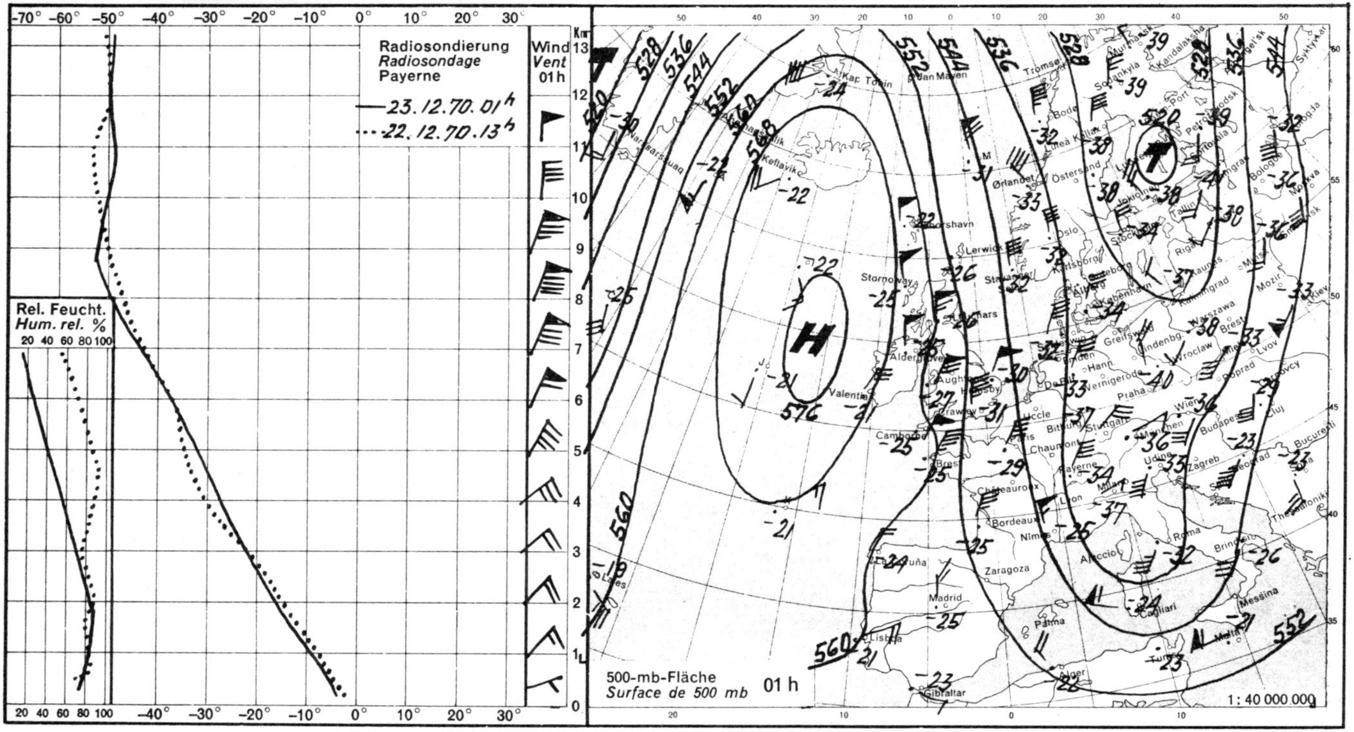

Radiosondierung
Radiosondage
Payerne
—23.12.70.01h
···22.12.70.13h
Wind
Vent
01h
Km
Rel. Feucht.
Hum. rel. %
500-mb-Fläche
Surface de 500 mb
01 h
1:40 000 000

13½ h MEZ HEC 22.12.70					Sonne Soleil	Station	Höhe in Metern Altitude	Baro. Mittel Moyen. (Millim.)	Mittwoch, den 23.Dezember 1970 7½ h MEZ HEC							
Tempe-ratur	Feucht Hum. %	Wind Vent		Wetter Temps	Total h				Baromet. (Millim.)	Tempe-ratur	Feucht Hum. %	Wind Vent		Wetter Temps	Bemerkungen Remarques	N'schlag Précipit. in mm
-1	92	SW	o	Schnee	0.3	Basel	317	734₅	736.3	-3	93	W	1	bedeckt	N* 5cm *h 5cm	1
-1	82	W	o	bedeckt	0.0	Olten	413	726	727.4	-3	85	NE	1	bedeckt	N* 15cm *h 25cm	.
-7	95	NNW	2	Schnee		Weißenstein	1228	657₅								1
-3	82	SW	1	Schnee	0.2	LaChaux-d-Fds	990	677	673.0	-6	68	NE	o	Schnee	N* 1cm *h 5cm	2
-1	80	still		Schnee	0.0	Neuchâtel	487	719₅	720.1	-4	78	ENE	2	st.bew.		1
2	77	E	1	bedeckt		Romont	764	696	694.6	-7	92	NE	2	hell	N* 1cm *h 1cm	1
-9	100	N	2	Schnee	2.3	La Dôle	1672	622₅	617.2	-12	100	E	3	Schnee	*h 10cm	.
2	48	ENE	2	st.bew.	4.1	Genève-Cointrin	430	725	724.1	-3	68	NNE	3	l.bew.		.
0	52	NNE	2	st.bew.	3.2	Lausanne	618	708₅	707.3	-5	84	NE	3	hell	Reif	.
4	37	WSW	1	st.bew.	3.1	Montreux-Clar.	408	726₅	726.1	-4	72	E	1	hell	Reif	.
-6	61	S	1	Regen	3.8	Leysin	1358	647₅	643.5	-11	72	NNE	1	hell	*h 20cm	1
1	46	W	2	bewölkt	4.5	Sion	549	714	714.1	-5	73	NE	1	st.bew.		.
						Montana-Verm.	1495	636₅								
-7	47	SW	1	l.bew.	2.6	Zermatt	1632	626	620.6	-14	78	N	1	bewölkt	*h 6cm	.
-1	64	SE	1	st.bew.	1.3	Bern	572	712₅	712.0	-5	88	NNE	1	st.bew.	*h 1cm	.
-2	90	NW	1	Schnee	0.9	Koppigen-Öberg	482	720	720.9	-4	91	ENE	2	bedeckt		.
-5	70	E	o	bedeckt		Saanen-Gstaad	1010	675₅	673.1	-15	98	E	1	bewölkt	*h 4cm	1
0	60	E	1	bedeckt	1.0	Interlaken	574	712₅	711.5	-6	75	SW	1	bedeckt	*h 7cm	4
-9	75	E	1	bedeckt		Mürren	1639	625₅	619.6	-14	75	N	1	st.bew.	N* 2cm	3
-26	95	NW	3	st.bew.	1.6	Jungfraujoch	3576	491	475.9	-26	78	NW	2	hell	≡m 1000m	.
0	68	N	o	st.bew.	0.0	Luzern	498	718₅	719.4	-5	93	N	o	st.bew.	N* 1cm	1
-9	88	ESE	o	st.bew.	0.0	Rigi-Kaltbad	1493	636₅	635.8	-12	89	SSW	o	l.bew.	N* 5cm *h 20cm	2
-6	93	SSE	1	st.bew.	0.9	Engelberg	1018	675	673.0	-8	95	SSW	o	Schnee	N* 8cm *h 30cm	3
-15	79	NNE	1	Schnee	4.0	Gütsch-Oberalp	2285	577	568.5	-18	84	N	3	st.bew.	N* 3cm *h 60cm	2
-1	62	SW	1	bedeckt	0.7	Zürich	569	713	713.0	-6	89	E	1	bedeckt	*h 4cm	.
-4	71	SW	1	bewölkt		Einsiedeln	914	684	682.2	-11	93	SSW	o	bedeckt	N* 3cm *h 27cm	1
1	54	ESE	o	bewölkt	2.8	Altdorf	451	723	723.0	-5	65	ESE	1	bewölkt	*h 3cm	1
-4	80	SW	o	bewölkt		Glarus	490	719₅	720.4	-8	89	N	o	Nebel	*h 10cm	.
-2	88	SW	1	Schnee	0.0	Schaffhausen	457	722₅	722.9	-4	89	S	1	bedeckt		.
1	65	SW	1	st.bew.		Kreuzlingen	446	723₅	723.7	-4	75	SE	o	st.bew.	*h 5cm	.
0	60	SW	1	l.bew.	4.0	St. Gallen	664	704₅	704.5	-7	95	still		bedeckt	N* 4cm *h 14cm	4
-4	72	SW	1	bewölkt		Heiden	811	692	693.3	-9	91	W	o	bedeckt	N* 5cm *h 23cm	4
-18	31	NW	2	Schnee	2.6	Säntis	2500	562	553.0	-20	88	ENE	2	Nebel	N* 3cm *h 250cm	1

-2	81	NNW	1	Schnee	1.5	Bad Ragaz	510	717s	718.2	-6	78	NW	1	bewölkt	*h 13cm	.
-2	56	NE	1	st.bew.		Chur	586	711	710.9	-6	78	NNE	1	hell	*h 3cm	.
-5	79	SE	2	bewölkt	3.8	Disentis	1173	662	659.9	-8	82	E	o	bedeckt	*h 4cm	.
-11	88	ENE	1	Schnee	0.3	Arosa	1818	611s	605.7	-16	90	NW	1	Schnee	*h 43cm	.
-9	75	NE	1	st.bew.	2.2	Davos	1588	629	624.2	-16	90	NE	1	bedeckt	N* 1cm *h 26cm	.
-19	92	NNW	1	Schnee	0.0	Weißfluhjoch	2667	550	539.8	-23	74	N	2	Nebel		–
-5	65	E	1	bewölkt	4.0	Schuls-Tarasp	1253	656	652.0	-14	92	NNE	1	l.bew.	Reif	.
-9	35	E	1	bewölkt	5.0	St. Moritz	1833	610s	604.0	-19	75	E	o	hell	*h 45cm	.
6	24	NNE	2	hell	6.7	Lugano città	276	737s	733.9	-1	35	N	1	hell		.
6	10	S	2	hell	6.8	Locarno-Monti	379	728	725.2	0	22	NE	1	hell		.
3	32	NE	3	hell		Acquarossa	553	714	710.5	-1	32	NNW	2	hell		.
-9	67	N	3	bedeckt	3.5	San Bernardino	1638	625s	619.8	-13	79	NW	2	bewölkt	*h 51cm	.

Station	Max.	Min.	Station	Max.	Min.	Station	Max.	Min.	Station	Max.	Min.	Station	Max.	Min.
Basel	-1	-3	Bern	-1	-5	Säntis	-17	-20	Sion (Aéro)	2	-6	Lugano	6	-2
Genève-Cointrin	2	-3	Zürich	1	-7	La Dôle	-8	-13	Montana			Locarno-Monti	7	-1

Wetterübersicht:
Zwischen dem Hoch westlich der Britischen Inseln und einem Tief über dem Mittelmeer fliesst immer noch kalte Luft von Norden her gegen die Alpen. Eine Störung, die zur Zeit über der Nordsee liegt, bewegt sich langsam gegen Frankreich.

Wetteraussichten bis Samstag, 26.12.70:
Alpennordseite wechselnd bewölkt, zeitweise bedeckt und einige Schneefälle. Alpensüdseite bei wechselnder Bewölkung vorwiegend sonnig. Temperatur wenig verändert.

Evolution probable jusqu'à samedi, 26.12.70:
Nord des Alpes: nébulosité variable, par moment couvert et quelques chutes de neige. Sud des Alpes: en général ensoleillé par nébulosité variable. Température sans changement.

Evoluzione fino a sabato, 26.12.70:
Nord delle Alpi: nuvolisità variabile, a intervalli coperto e qualche nevicata. Sud delle Alpi: in prevalenza soleggiato con cielo vario. Temperature poco cambiate.

D

WETTERBERICHT DER SCHWEIZERISCHEN METEOROLOGISCHEN ZENTRALANSTALT ZÜRICH

Bulletin de l'Institut Suisse de Météorologie Zurich

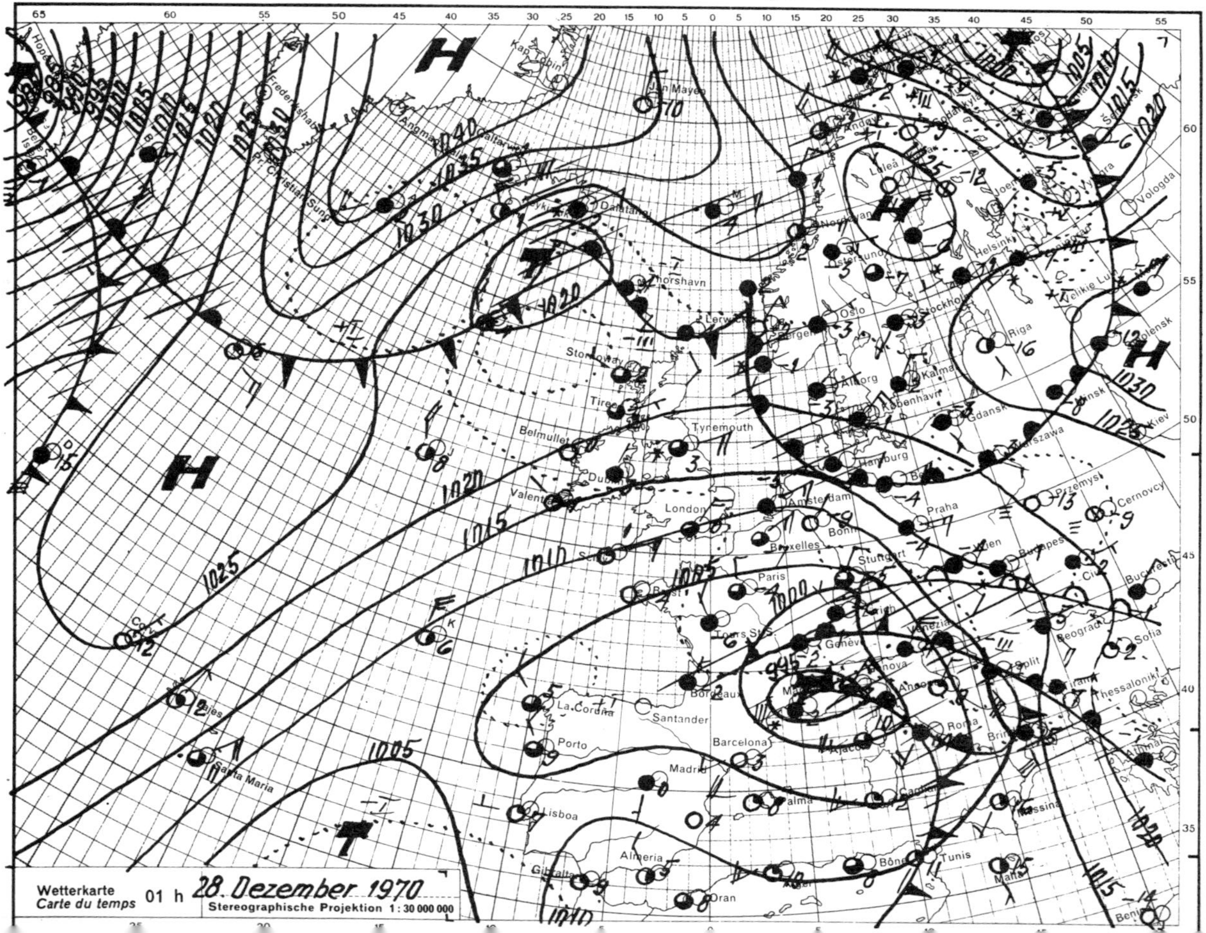

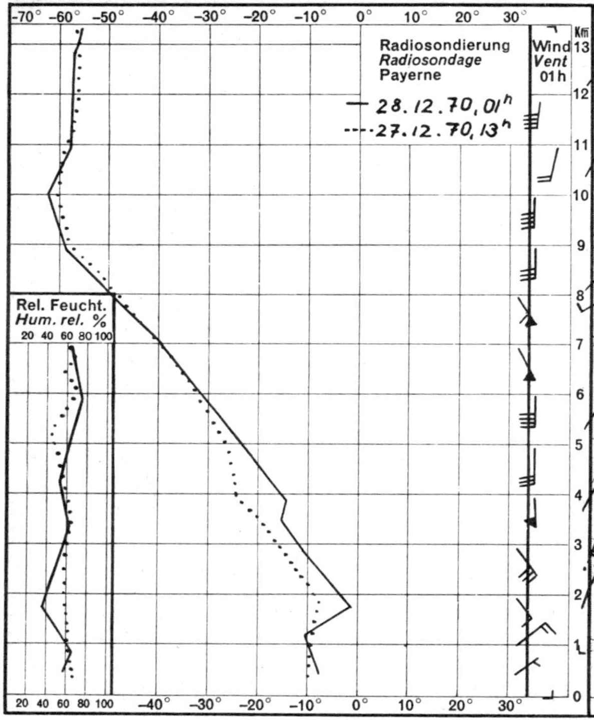
Radiosondierung
Radiosondage
Payerne
— 28.12.70, 01h
----27.12.70, 13h
Wind
Vent
01 h
Km
Rel. Feucht.
Hum. rel. %

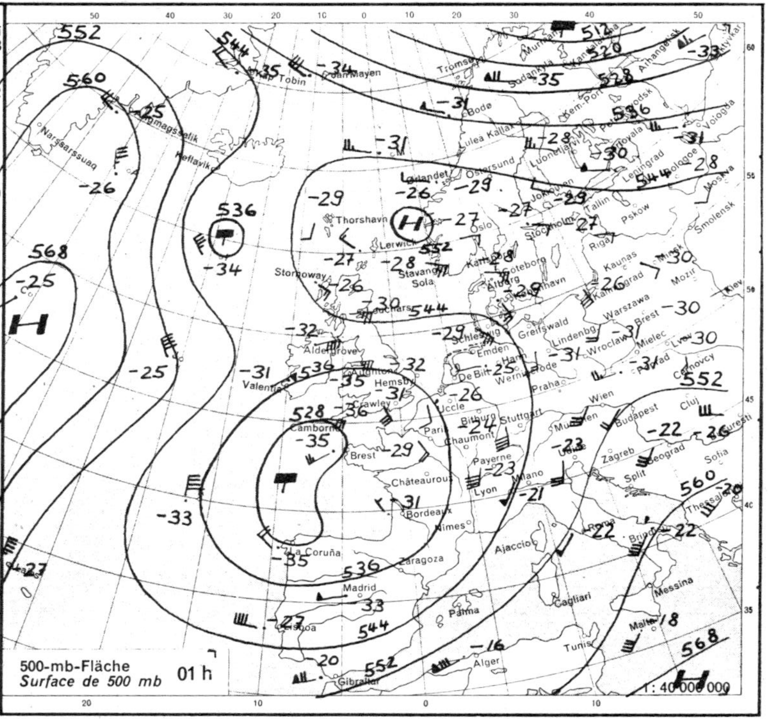
500-mb-Fläche
Surface de 500 mb
01 h
1: 40 000 000

13½ h MEZ HEC	27.12.70			Sonne Soleil	Station	Höhe in Metern Altitude	Baro. Mittel	Montag, den 28. Dezember 1970					7½ h MEZ HEC	
Temperatur	Feucht. Hum. %	Wind Vent	Wetter Temps	Total h			Moyen. (Millim.)	Baromet. (Millim.)	Temperatur	Feucht. Hum. %	Wind Vent	Wetter Temps	Bemerkungen Remarques	N'schlag Précipit. in mm
-6	85	NW 1	bedeckt	0.2	Basel	317	734_5	719.1	-6	93	W 1	bedeckt	*h 2cm, Dunst	.
-4	70	E 1	bedeckt	0.0	Olten	413	726	710.2	-5	85	NNE 1	bedeckt	*h 5cm	.
					Weißenstein	1228	657_5	633.0	-8	91	NNW 2	st.bew.	*h 13cm	.
0	68	NW o	bedeckt	2.0	La Chaux-d-Fds	990	677	657.4	-4	74	NNW o	bedeckt		.
-4	80	E 1	bedeckt	0.0	Neuchâtel	487	719_5	704.3	-5	85	NNE 1	bedeckt		.
-6	84	SE 1	bedeckt		Romont	764	696	679.6	-8	96	SSE 1	bedeckt	*h 2cm	.
-7	86	NE 2	bedeckt	0.0	La Dôle	1672	622_5	604.9	-11	100	W 3	Nebel		.
-2	76	NE 1	bedeckt	0.0	Genève-Cointrin	430	725	709.7	-3	85	SW 2	st.bew.	*h 1cm, Dunst	.
-3	78	SE 1	bedeckt	0.0	Lausanne	618	708_5	693.4	-4	93	SW 1	bedeckt		.
-1	65	WSW 1	bedeckt	0.0	Montreux-Clar.	408	726_5	711.9	-3	80	WNW 1	bedeckt	Reif	.
-1	49	W 1	bedeckt	0.7	Leysin	1358	647_5	630.4	-5	99	W 1	Nebel		.
3	60	ENE o	bedeckt	0.0	Sion	549	714	698.5	-2	99	SW 1	st.bew.		.
					Montana-Verm.	1495	636_5							
-3	70	W 1	bedeckt	0.0	Zermatt	1632	626	610.2	-14	99	NNE 2	bedeckt	N* 17cm, *h 2[illegible]	
-5	84	NNE 1	bedeckt	0.8	Bern	572	712_5	695.9	-7	87	WSW 1	bedeckt		.
-4	78	N 1	bedeckt	0.4	Koppigen-Öberg	482	720	704.8	-6	91	SW 1	bedeckt	*h 1cm	.
-4	76	W o	bedeckt		Saanen-Gstaad	1010	675_5	657.9	-8	94	NNW 1	l.bew.	*h 2cm	.
-3	85	SW 1	bedeckt	0.0	Interlaken	574	712_5	695.1	-6	89	W 1	bedeckt	Dunst	.
-3	50	SSE 1	bedeckt	0.0	Mürren	1639	625_5	607.2	-1	54	WNW 3	bewölkt	*h 12cm	.
-19	100	S 6	Nebel	0.0	Jungfraujoch	3576	491	474.0	-16	100	S 5	Nebel		–
-6	80	N o	bedeckt	0.0	Luzern	498	718_5	702.5	-6	89	NE o	Nebel		.
-1	43	SE 2	bedeckt	2.6	Rigi-Kaltbad	1493	636_5	621.7	0	51	NNE 2	l.bew.	*h 15cm,≡m.700m	.
-5	81	WSW 1	bedeckt	0.0	Engelberg	1018	675	656.7	-7	77	W 2	bewölkt	*h 18cm	.
-9	89	S 4	Schnee	0.0	Gütsch-Oberalp	2285	577	560.4	-7	89	SSE 3	Schnee	N* 11cm,*h 200cm	12
-6	68	NE 1	bedeckt	1.3	Zürich	569	713	695.5	-6	87	NW 1	bedeckt	*h 4cm, Dunst	.
-3	74	NNW 1	bedeckt		Einsiedeln	914	684	665.2	-9	95	WNW 1	l.bew.	*h 21cm	.
-3	85	NNW 2	bedeckt	0.0	Altdorf	451	723	705.3	-3	93	NNW 2	bewölkt	N* 1cm, *h 2cm	1
-5	66	ENE 1	bedeckt		Glarus	490	719_5	703.1	-7	90	W o	l.bew.	*h 6cm	.
-5	66	ENE 1	bedeckt	1.5	Schaffhausen	457	722_5	705.1	-5	87	E 1	bedeckt	*h 2cm	.
-7	70	S 1	st.bew.		Kreuzlingen	446	723_5	705.7	-5	84	SW 1	bedeckt		.
-8	95	NNE 1	Nebel	0.0	St. Gallen	664	704_5	686.4	-7	95	NNE 1	bedeckt	*h 9cm	.
-1	97	N o	bedeckt		Heiden	811	692	673.0	-8	95	E 1	st.bew.	*h 16cm,Rauhreif	.
-10	92	SE 3	st.bew.	2.8	Säntis	2500	562	545.2	-8	72	S 4	bewölkt	*h 250cm,≡m.900m	.

-5	79	NNW 1	st.bew.	2.1	Bad Ragaz	510	717s	700.2	-8	93	NNW 1	hell	*h 10cm,Rauhreif	.
4	45	W 3	bedeckt		Chur	586	711	694.1	4	69	SW 3	bewölkt	*h 1cm	1
1	71	WSW 1	bedeckt	0.0	Disentis	1173	662	646.7	0	84	NNE o	bedeckt	N* 10cm, *h 18c	10
-2	45	SSE 1	bedeckt	3.4	Arosa	1818	611s	596.1	-4	85	SW 1	bewölkt	N* 4cm, *h 44cm	3
1	46	SSW 1	st.bew.	2.8	Davos	1588	629	613.6	-3	93	SSW 1	st.bew.	N* 5cm, *h 29cm	[illegible]
11	81	SE 2	bedeckt	5.3	Weißfluhjoch	2667	550	534.0	-11	88	SE 1	hell	N* 6cm, *h 128c	-
-3	68	WSW o	st.bew.	1.2	Schuls-Tarasp	1253	656	640.5	-5	96	N 1	bewölkt	N* 5cm, *h 5cm	3
-4	62	ENE o	bewölkt	0.0	St. Moritz	1833	610s	593.0	-5	86	WSW o	Schnee	N* 18cm *h 60c	12
1	95	NNW 1	bedeckt	0.0	Lugano città	276	737s	725.0	1	99	N 1	Schnee	N* 13cm, *h 31c	41
-1	91	E o	Schnee	0.0	Locarno-Monti	379	728	715.6	2	96	W 1	bedeckt	N* 31cm, *h 51c	13
-1	94	still	bedeckt		Acquarossa	553	714	699.1	-1	99	still	Schnee	N* 36cm, *h 42	7
-5	95	ESE o	Schnee	0.0	San Bernardino	1638	625s	611.1	-5	100	SE 2	Schnee=	N* 38cm, *h 96cm	54

Station	Max.	Min.	Station	Max.	Min.	Station	Max.	Min.	Station	Max.	Min.	Station	Max.	Min.
Basel	-5	-7	Bern	-4	-7	Säntis	-8	-9	Sion (Aéro)	4	-2	Lugano	2	1
Genève-Cointrin	-1	-6	Zürich	-4	-8	La Dôle	-6	-11	Montana			Locarno-Monti	0	0

Wetterübersicht:
Das Tief über dem Golf von Genua verlagert sich nordostwärts. In der Höhe bleibt die Süd- bis Südwestströmung erhalten.

Wetteraussichten bis Donnerstag, 31.12.70:
Alpennordseite, Wallis, Nord- und Mittelbünden: anfangs im Mittelland Hochnebel, darüber und in den anderen Gebieten wechselnd bewölkt, später Bewölkungszunahme und örtliche Schneefälle möglich. Temperatur ohne wesentliche Aenderung.
Alpensüdseite und Engadin: wechselnd, meist stark bewölkt oder bedeckt. Zeitweise Niederschläge. Temperatur ohne wesentliche Aenderung.

Evolution probable jusqu'à jeudi, 31.12.70:
Nord des Alpes, Valais, nord et centre des Grisons: au début stratus sur le Plateau, nébulosité variable au-dessus et dans les autres régions. Plus tard augmentation de la nébulosité et chutes de neige locales possibles. Température peu changée.
Sud des Alpes et Engadine: nébulosité variable, souvent très nuageux ou couvert. Précipitations intermittentes. Température peu changée.

Evoluzione fino a giovedì, 31.12.70:
Nord delle Alpi, Vallese, nord e centro dei Grigioni: sull'Altopiano dapprima nebbia alta, al dissopra e nelle rimanenti regioni variamente nuvoloso. In seguito aumento della nuvolosità e nevicate locali possibili. Temperature poco cambiate.
Sud delle Alpi ed Engadina: nuvolosità variabile, in prevalenza molto nuvoloso o coperto, ad intervalli precipitazioni. Temperature poco cambiate.

D

WETTERBERICHT DER SCHWEIZERISCHEN METEOROLOGISCHEN ZENTRALANSTALT ZÜRICH

Bulletin de l'Institut Suisse de Météorologie Zurich

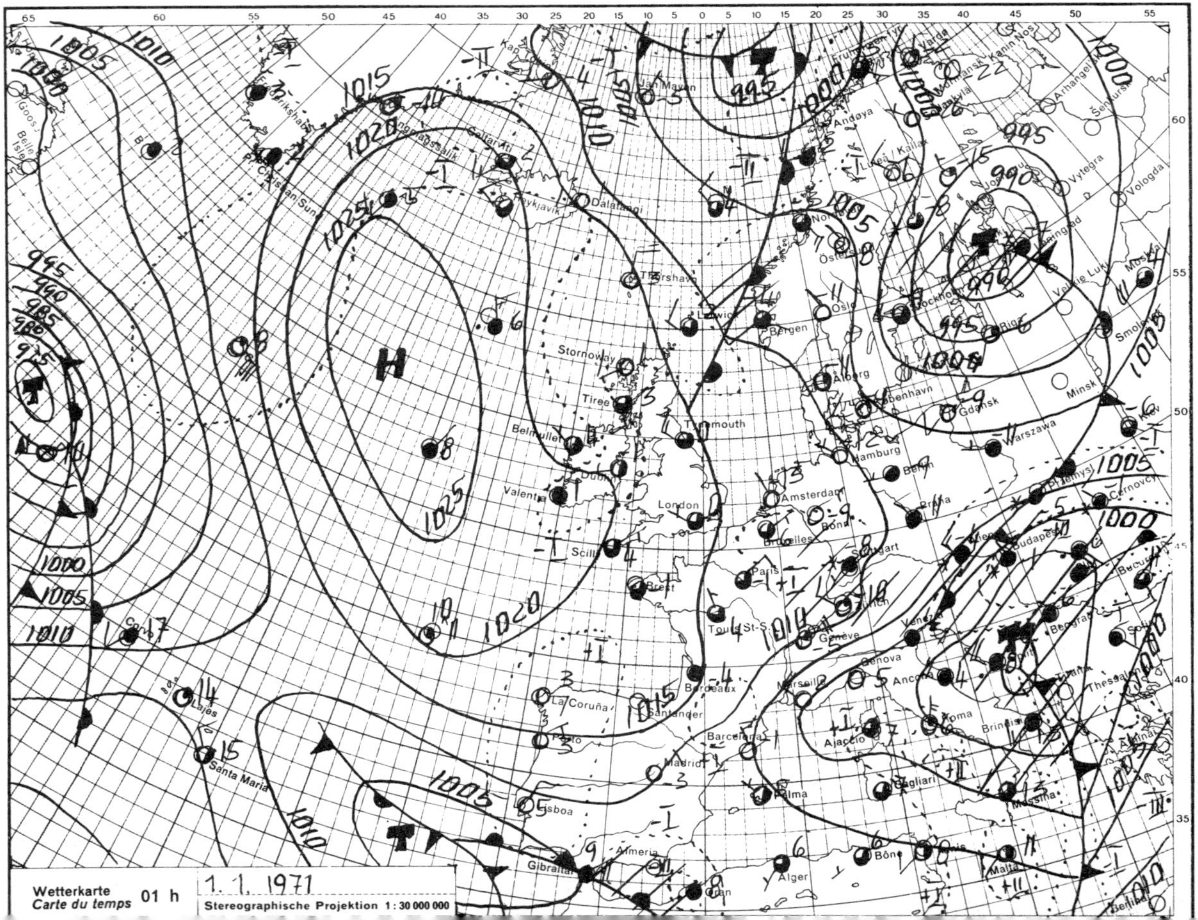

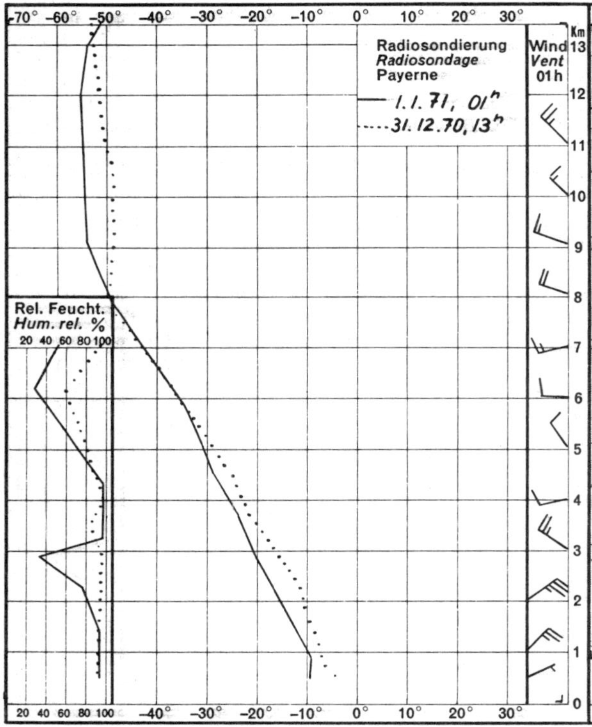
Radiosondierung
Radiosondage
Payerne
1.1.71, 01h
31.12.70, 13h
Wind
Vent
01 h
Km
Rel. Feucht.
Hum. rel. %

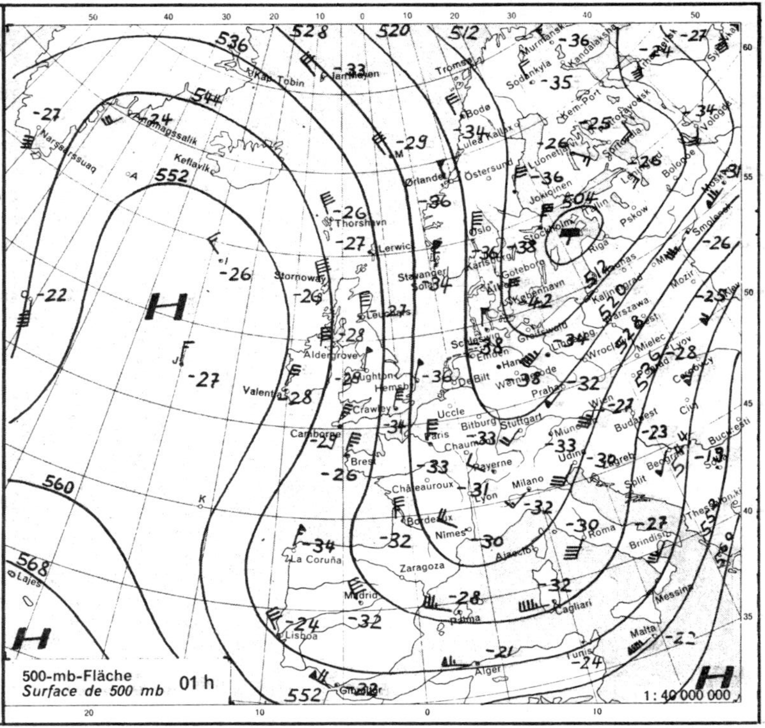
500-mb-Fläche
Surface de 500 mb
01 h
1 : 40 000 000

TT = Temperatur °C UU = Feuchtigkeit/*Humidité* % (100 % = 00) DD= Windrichtung/*Direction du vent* FF = Windgeschwindigkeit in Knoten/*Vitesse du vent en noeuds* W = Wetter/*Temps:* ○ hell/*clair* ◔ leicht bewölkt/*peu nuageux* ◑ bewölkt/*nuageux* ◕ stark bewölkt/*très nuageux* ● bedeckt/*couvert* • Regen/*pluie* ∗ Schnee/*neige* ⇲ Gewitter/*orage* ≡ Nebel/*brouillard* RR = Niederschlag/*Précipitations* mm ⊙ Sonne/*Insolation* 1/10h N∗ = Neuschnee/*Nouvelle neige* cm ∗H = Höhe der totalen Schneedecke/*Hauteur totale de la neige* cm.

Stat.-Nr	Station	Höhe in Metern *Altitude*	13h Donnerstag, den 31. Dezember 1970				19h						Baro. 1/10 mb		1. Januar 1971 07h						
			TT	UU	DDFF	W	TT	UU	DDFF	W	RR 07-19h	⊙	Mittel *Moyen*	07h	TT	UU	DDFF	W	RR 19-07h	N∗	∗H
1	Basel Flughafen	268	-5	92	3104	∗	-9	92	3002	◕		0.0	985^{5}	9784	-9	85	0000	◕∗		2	11
2	Olten	413	-4	83	0208	∗	-5	80	0306	∗		0.0	969^{0}	9602	-15	95	0304	◕		1	7
3	Weißenstein	1228	-10	94	2010	∗≡	-10	94	2010	∗≡			877^{0}	8633	-15	91	3010	◕			28
4	La Chaux-d-Fds	990	-5	81	0306	●	-7	90	0406	●	2	0.0	902^{5}	8879	-10	82	0500	○			
5	Neuchâtel	487	-2	88	0506	∗	-6	76	3604	◕	1	0.0	959^{5}	9504	-9	80	0202	◕		2	4
6	Romont	764	-5	90	0614	∗	-7	92	0512	●	2		928^{0}	9166	-12	84	0906	○			18
7	La Dôle	1672	-7	00	3003	≡	-12	00	3012	≡	1	0.0	830^{5}	8139	-14	92	3616	○			
8	Genève-Aéroport	430	-1	86	0418	∗	-4	67	0415	●∗	2	0.0	966^{0}	9575	-13	80	0607	○		1	13
9	Lausanne	618	-3	84	0512	∗	-6	85	0523	●	1	0.0	944^{5}	9334	-8	69	0417	●			5
10	Montreux-Clar.	408	-1	77	2302	∗	-3	78	2904	●	1	0.7	969^{0}	9577	-8	73	2504	○		2	2
11	Leysin	1358	-10	98	2002	∗	-9	97	2202	∗≡	3	0.0	863^{0}	8475	-11	67	0208	◕		5	12
12	Sion	549	0	80	0902	◕	-3	90	2608	●		1.7	951^{5}	9407	-6	80	0101	○			2
13	Montana-Verm.	1510											847^{0}								
14	Zermatt	1632	-7	57	2505	○	-13	71	2302	○		3.2	834^{5}	8173	-12	99	0102	∗	1	2	32
15	Bern	572	-4	89	0204	∗	-6	89	0204	∗	1	0.0	950^{0}	9396	-11	93	1201	○		3	14
16	Koppigen-Ö'berg	482	-4	90	0408	∗	-7	93	0606	●	1	0.0	960^{0}	9519	-20	95	0903	◕			10
17	Saanen-Gstaad	1010	-5	95	2806	∗≡	-8	95	3002	∗≡	4		900^{5}	8871	-17	91	3402	○		5	18
18	Interlaken	574	-3	88	3104	●	-5	94	2304	●		0.0	949^{5}	9389	-7	89	1801	∗	3	15	24
19	Mürren	1639	-7	98	1102	≡	-11	96	0500	∗	2	0.0	833^{5}	8173	-15	89	3402	●		2	24
20	Jungfraujoch	3576	-21	00	3108	≡	-22	00	3112	≡	-	1.6	653^{0}	6300	-27	00	3110	○	-		
21	Luzern	437	-3	89	2902	∗≡	-4	88	2804	∗≡	2	0.0	965^{5}	9552	-6	87	2802	●	2	2	28
22	Rigi-Kaltbad	1454	-9	97	0500	∗≡	-12	94	0900	∗≡	2	0.0	853^{0}	8376	-17	90	3200	≡	1	8	40
23	Engelberg	1018	-7	97	2008	∗	-8	95	2200	∗≡	2	0.0	899^{5}	8876	-12	90	2200	≡	3	12	42
24	Gütsch-Oberalp	2288	-13	80	3506	◕	-17	92	0106	∗	1	0.7	769^{0}	7492	-19	83	3503	∗	3	5	100
25	Zürich Flughafen	431	-3	79	0307	∗	-6	92	3106	●		0.0	966^{0}	9576	-14	89	3203	◕		1	9
26	Einsiedeln	914	-6	98	2902	∗≡	-8	97	3205	∗	2		911^{5}	8995	-11	95	0401	●	2	9	38
27	Altdorf	451	-2	84	3313	∗	-4	81	3312	●	1	0.0	964^{0}	9536	-6	70	3400	◕		1	19
28	Glarus	490	-3	90	1800	∗	-4	74	3604	∗	1		959^{0}	9502	-7	85	3600	◕	1	3	20
29	Schaffhausen	457	-3	70	0402	∗	-6	75	0402	●		0.0	963^{0}	9533	-12	92	2102	●			6
30	Kreuzlingen	446	-3	76	3502	∗	-5	84	3201	∗			964^{5}	9550	-10	86	3601	○	1	1	7
31	St. Gallen	664	-5	95	3204	∗≡	-7	94	3402	∗	4	0.0	939^{5}	9291	-9	93	3201	●	1	8	23
32	Heiden	815	-6	98	3500	∗	-8	94	3605	∗	2		922^{0}	9111	-10	93	3000	∗	3	5	29
33	Säntis	2500	-14	00	2903	≡	-18	00	0107	∗≡		0.0	749^{0}	7279	-22	94	0205	◕	1	1	260

34	Bad Ragaz	510	-2	83	3105	*	-5	76	2905	●		0.0	957^{0}	9467	-7	80	2905	*		2	13
35	Chur	586	-3	84	0506	●	-4	64	0120	●			948^{0}	9368	-7	80	0309	●		1	3
36	Disentis	1173	-4	69	0400	●	-8	93	1101	*	1	0.0	883^{0}	8690	-10	83	2500	*	1	7	22
37	Arosa	1818	-10	88	2101	*	-13	92	0000	*	2	0.0	815^{5}	7980	-16	88	0000	*	1	9	58
38	Davos	1592	-8	87	0402	●	-12	90	3604	●	1	0.0	838^{5}	8231	-14	88	0402	●		1	34
39	Weißfluhjoch	2667	-14	82	3605	●	-20	97	3607	*		0.0	733^{5}	7120	-23	98	3601	*	–		131
40	Schuls-Tarasp	1253	-5	76	2702	●	-6	96	2700	●		0.0	874^{0}	8586	-11	92	0302	●			
41	St. Moritz	1833	-11	47	0600	●	-13	81	0000	●		0.0	814^{0}	7964	-15	78	0600	●			75
42	Lugano città	276	1	73	3602	●	0	81	3403	●		0.3	983^{0}	9662	-1	40	0203	◔			17
43	Locarno-Monti	379	0	76	0403	●	0	47	0000	○		0.3	971^{0}	9556	-1	41	0304	◔			29
44	Acquarossa	552	0	74	0000	●	0	41	3405	○			951^{0}	9374	-4	40	0000	●			93
45	San Bernardino	1638	-8	71	3116	●	-10	76	3018	○		0.0	833^{5}	8169	-13	70	3116	●			110
Max.	Min.	[1] -5	-10	[7] -6	-16	[8] 0	-15	[12] 0	-7	[13] -	-	[15] -3	-11	[25] -3	-15	[33] -12	-22	[42] 2	-1	[43] 1	-1

33 ≡meer 1400m 07h

Besondere Wettererscheinungen des Jahres 1970 I

Winter: Besonders nördlich der Alpen und im Wallis herrschte aussergewöhnlich langes Winterwetter, wobei weniger tiefe Temperaturen als häufige Schneefälle bis in die Niederungen das Gepräge gaben. Da der Dezember 69 sowie der März und die erste Aprilhälfte wesentlich zu kalt waren, wurde der Winter 69/70 unliebsam lang. So kamen für Zürich mit 105 Tagen mit schneebedecktem Boden und einer totalen Neuschneesumme von 260 cm neue Höchstwerte für dieses Jahrhundert zustande. Im Januar traten am 1. und bes. am 9. und 10. schwere Glatteiswetterlagen auf: unterhalb 6-800 m/M -2 bis -6, in 9-1200 m/M dagegen +5 bis +8 Grad. Einem Föhnsturm in den Alpen am 11. (bis 160 km/h) folgte im Mittelland eine zähe Nebellage, wobei Sichtweiten von nur 30-60 m vorkamen. Anders gestaltete sich der Februar: stürmische Westwinde am 3., 9.-13. und 21.-22. brachten Tauwetter und hohe Niederschlagsmengen, welche nördlich einer Linie Lausanne - Gotthard - Chur zu neuen Februarrekorden führten. In den französischen und schweizerischen Alpen gingen grosse Lawinen nieder (10.Val d'Isère, 24. Reckingen), der Rhein führte Hochwasser bis Holland hinunter.

Frühling: Auch im Flachland herrschte bis zum 10. April effektiv Winter. Mitte März lag in den Nordalpen ähnlich viel Schnee wie im Lawinenwinter 1968 und auch die Ostertage waren trüb und kühl. Die erste Aprilhälfte war um 4-5 Grad zu kalt und brachte dem Mittelland so viel Schnee wie nie mehr seit 1919. In Zürich gab es im ganzen Winter 69/70 18 mal mindestens 5 cm Neuschnee, bisher hielt der Winter 1941/42 mit 16 mal den Rekord für dieses Jahrhundert. Ende April lag die Altschneedecke auf 15-1800 m/M noch 150-180 cm, in 2500 m/M 300 cm hoch. Auch der Mai war zu kühl und er brachte nur einen Sommertag. Am 16. traten die ersten schweren Gewitter und am 17. im Mendrisiotto der erste grössere Hagelschlag auf. Auf dem Grimsel- und Gotthardpass lagen im Mai 13-15 m hohe Schneeverwehungen.

A

WETTERBERICHT DER SCHWEIZERISCHEN METEOROLOGISCHEN ZENTRALANSTALT ZÜRICH

Bulletin de l'Institut Suisse de Météorologie Zurich

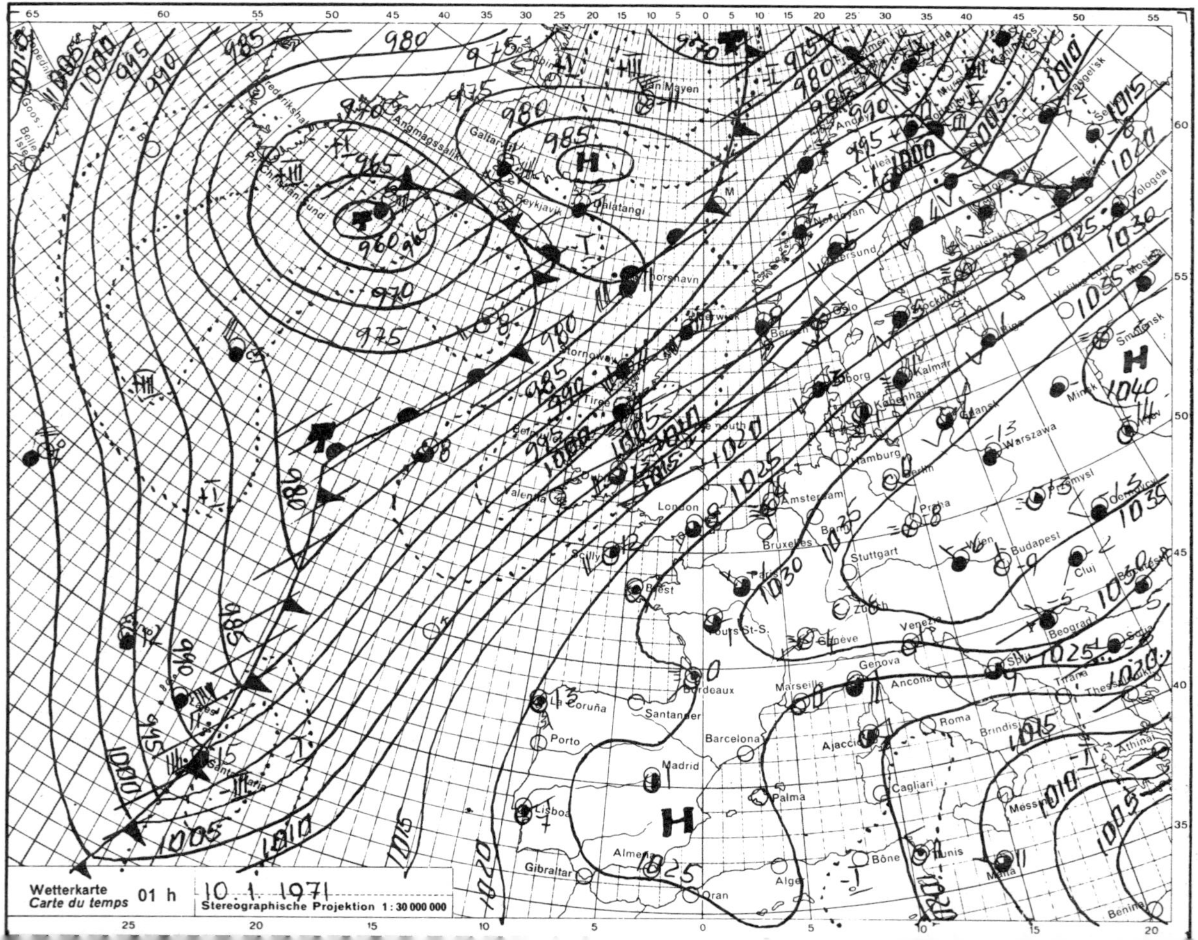

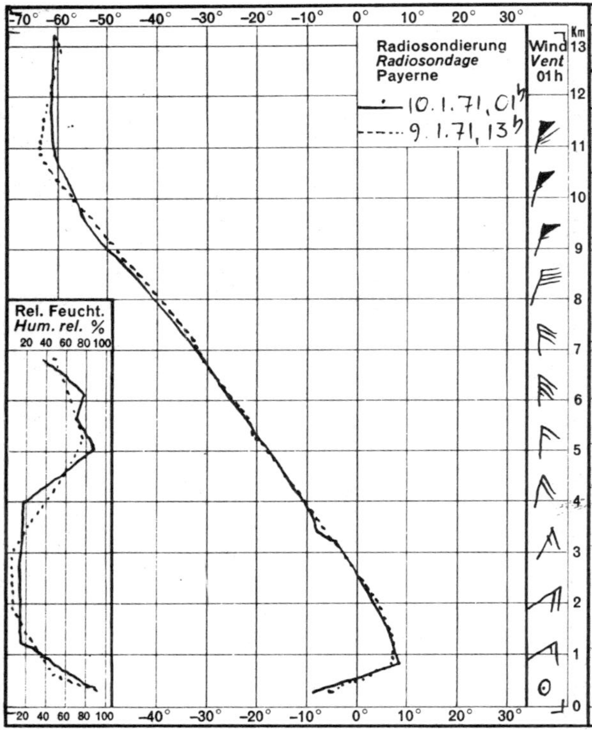

Radiosondierung
Radiosondage
Payerne
10.1.71, 01h
9.1.71, 13h
Wind
Vent
01h
Km
Rel. Feucht.
Hum. rel. %

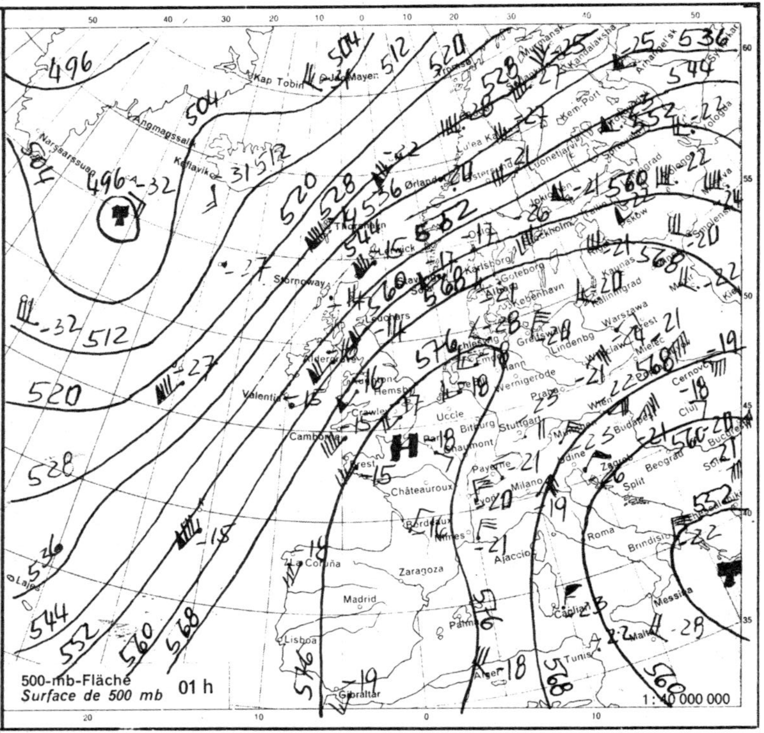

500-mb-Fläche
Surface de 500 mb
01 h
1: 40 000 000

TT = Temperatur °C UU = Feuchtigkeit/*Humidité* % (100 % = 00) DD= Windrichtung/*Direction du vent* FF = Windgeschwindigkeit in Knoten/*Vitesse du vent en noeuds* W = Wetter/*Temps:* ○ hell/*clair* ◔ leicht bewölkt/*peu nuageux* ◑ bewölkt/*nuageux* ◕ stark bewölkt/*très nuageux* ● bedeckt/*couvert* • Regen/*pluie* * Schnee/*neige* ⛈ Gewitter/*orage* ≡ Nebel/*brouillard* RR = Niederschlag/*Précipitations* mm ☉ Sonne/*Insolation* 1/10h N* = Neuschnee/*Nouvelle neige* cm *H = Höhe der totalen Schneedecke/*Hauteur totale de la neige* cm.

Stat.-Nr.	Station	Höhe in Metern *Altitude*	13h Samstag, den 9. Januar 1971									19h	Baro. 1/10 mb		Sonntag, 10.1.1971						07h
			TT	UU	DDFF	W	TT	UU	DDFF	W	RR 07-19h	☉	Mittel *Moyen*	07h	TT	UU	DDFF	W	RR 19-07h	N*	*H
1	Basel Flughafen	268	3	56	1608	○	-1	80	1804	◕		6.5	985^5	9980	-9	85	0000	◕			6
2	Olten	413	-5	00	2702	≡	-3	00	0804	≡		0.0	969^0	9776	-7	00	0404	≡			3
3	Weißenstein	1228	14	24	2204	○	8	29	0508	◔			877^0	8715	2	32	0608	○			10
4	La Chaux-d-Fds	990	4	70	3102	○	4	60	3402	○		6.6	902^5	9081	0	65	3510	○			8
5	Neuchâtel	487	-3	99	3602	≡	-3	98	0102	≡		0.0	959^5	9692	-5	97	3601	≡			3
6	Romont	764	3	53	1804	◔	-1	74	1802	◑			928^0	9358	-3	91	0900	○			6
7	La Dôle	1672	7	36	1014	○	6	24	1022	◔		7.0	830^5	8349	2	40	0932	○			
8	Genève-Aéroport	430	-3	91	3102	≡	-3	99	3402	≡		0.0	966^0	9772	-2	98	0000	≡			6
9	Lausanne	618	1	96	2403	◑	-2	00	1001	*		1.7	944^5	9525	-2	00	1701	≡			3
10	Montreux-Clar.	408	1	97	3202	≡	1	92	2202	●		0.2	969^0	9775	-2	96	3202	≡			1
11	Leysin	1358	12	28	1800	○	8	27	3404	◑		7.2	863^0	8707	4	29	3400	○			2
12	Sion	549	4	67	0802	○	1	78	0402	○		6.9	951^5	9620	-3	90	0601	○			1
13	Montana-Verm.	1510											847^0								
14	Zermatt	1632	5	52	2302	○	-1	63	2400	◕		4.3	834^5	8425	-3	65	2400	○			25
15	Bern	572	1	82	0401	○	-2	84	0203	≡		6.4	950^0	9587	-7	96	0303	◔			7
16	Koppigen-Ö'berg	482	-5	95	1502	≡	-6	98	0902	≡		3.2	960^0	9702	-10	99	2202	≡			6
17	Saanen-Gstaad	1010	-2	71	2000	○	-1	79	0900	◔			900^5	9084	-5	70	0901	○			12
18	Interlaken	574	3	75	0900	○	-2	85	1500	○		4.3	949^5	9581	-7	95	0900	○			12
19	Mürren	1639	7	35	0802	○	3	37	3402	○		4.6	833^5	8406	0	44	2702	○			15
20	Jungfraujoch	3576	-7	42	2914	○	-8	15	2922	◔		7.5	653^0	6603	-7	33	0918	○			
21	Luzern	437	3	00	3002	≡	-2	00	3002	≡		0.0	965^5	9749	-3	00	2802	≡			16
22	Rigi-Kaltbad	1454	12	32	0900	○	6	33	3105	◕		8.0	853^0	8608	5	34	0504	○			13
23	Engelberg	1018	5	53	1002	○	-1	70	0900	◑		2.6	899^5	9079	-1	67	0903	○			25
24	Gütsch-Oberalp	2288	2	19	3616	○	0	38	0420	◔		7.3	769^0	7764	0	30	3613	○			80
25	Zürich Flughafen	431	-7	99	2704	≡	-5	98	0000	●		0.3	966^0	9777	-8	99	3105	≡			9
26	Einsiedeln	914	5	57	2101	○	-1	88	2501	●			911^5	9198	-7	90	2400	○			27
27	Altdorf	451	-1	98	1800	●	-3	98	1700	●		0.0	964^0	9735	-4	98	1700	●			8
28	Glarus	490	-1	73	1800	○	-2	91	1800	○			959^0	9703	-5	86	1800	○			14
29	Schaffhausen	457	-2	68	1404	◔	-4	86	1704	◔		0.7	963^0	9736	-9	96	1404	○			5
30	Kreuzlingen	446	-4	95	2401	≡	-2	95	2001	≡			964^5	9751	-3	95	1801	≡			4
31	St. Gallen	664	2	62	0000	○	0	78	0501	◕		3.1	939^5	9494	-2	92	0702	○			14
32	Heiden	815	8	49	2800	○	1	70	2004	◑			922^0	9322	0	71	2004	○			18
33	Säntis	2500	-1	23	3407	◔	-2	56	0114	◕		7.6	749^0	7564	-3	75	0716	○			230

34	Bad Ragaz	510	4	61	2002	o	-4	87	1300	o		5.0	957^{0}	9680	-7	93	2400	o			8
35	Chur	586	2	64	2300	o	-1	75	0500	o			948^{0}	9595	-3	82	3200	o			3
36	Disentis	1173	5	53	2100	o	3	60	3000	o		5.0	883^{0}	8922	0	60	3400	o			11
37	Arosa	1818	5	34	2103	o	0	43	3104	o		6.0	815^{5}	8229	-1	41	2703	o			46
38	Davos	1592	5	54	0401	o	-1	65	3302	o		5.8	838^{5}	8468	-6	71	0302	o			31
39	Weißfluhjoch	2667	-3	42	3313	o	-4	42	3308	◐		8.0	733^{5}	7397	-6	62	0311	o			126
40	Schuls-Tarasp	1253	-1	80	2300	o	-4	92	2001	o		4.9	874^{0}	8846	-9	95	2700	o			10
41	St. Moritz	1833	4	45	0200	o	-2	53	0200	o		5.2	814^{0}	8214	-8	64	0200	o			65
42	Lugano città	276	5	71	2001	o	2	87	3301	●		6.6	983^{0}	9919	-1	96	3604	o			17
43	Locarno-Monti	379	6	55	1101	o	5	64	1201	●		6.8	971^{0}	9797	2	72	3101	o			28
44	Acquarossa	552	5	70	0000	o	9	37	3302	o			951^{0}	9588	-0	82	0000	o			28
45	San Bernardino	1638	6	46	3016	o	4	37	3022	●		5.9	833^{5}	8408	4	36	3318	o			65
Max.	Min.	1: 5	-10	7: 10	2	8: -2	-4	12: 8	-3	13:		15: 3	-7	25: -4	-11	33: 0	-3	42: 6	-2	43: 8	1

Korr. 8.1.71   7: Min. 4 / 25: Max. -8, Min. -11

über 500m: 20 und 33, über 600–800m: 22

Das Wetter im Dezember 1970

Die Niederschläge fielen nur im Südtessin und im Rheinwaldgebiet (Südseite) etwas reichlicher aus **als normal; sonst** war es überall zu trocken, **besonders westlich der** Linie Grimsel – Reuss. Die **Besonnung war** entlang des Jurasüdfusses sehr **gering, ebenso in Teilen der Nordschweiz** (Olten 8 Std, **Kloten 17 Std** = **65%** des **Mittels). Am** sonnigsten **war es in Locarno-Monti mit 144 Std** (126%) und **auf dem Weissf**luhjoch mit 142 Std (114%).

Provisorische Klimadaten:

	Temperaturwerte in Grad				Niederschlagsverhältnisse				Sonnenscheindauer	
	Mittel	Abw.	höchst	tiefst	Menge (mm)	%	N.tage	Abw.	Summe (h)	%
Basel	0.3	-1.1	11	-8	20	37	11	-2	42	80
Bern	-0.5	-0.7	10	-10	22	32	8	-5	38	83
Luzern	-0.4	-0.8	9	-10	60	95	17	+3	19	57
Zürich	-0.8	-1.0	9	-10	40	53	13	-1	30	80
Kreuzlingen	-0.2	-0.3	9	-9	25	38	10	-3		
Neuchâtel	0.3	-1.0	11	-7	26	29	9	-5	24	83
Lausanne	0.4	-1.0	10	-7	25	28	8	-6	64	108
Sion	0.2	-0.6	11	-10	10	16	4	-6	111	113
Lugano	2.1	-1.1	10	-6	94	107	6	-2	113	111
Engelberg	-3.6	-1.7	7	-17	57	53	15	+2	24	(105)
Davos	-5.4	-0.4	4	-18	36	51	13	+2	100	127
Säntis	-9.0	-1.6	3	-20	175	88	13	-3	118	101

D

WETTERBERICHT DER SCHWEIZERISCHEN METEOROLOGISCHEN ZENTRALANSTALT ZÜRICH

Bulletin de l'Institut Suisse de Météorologie Zurich

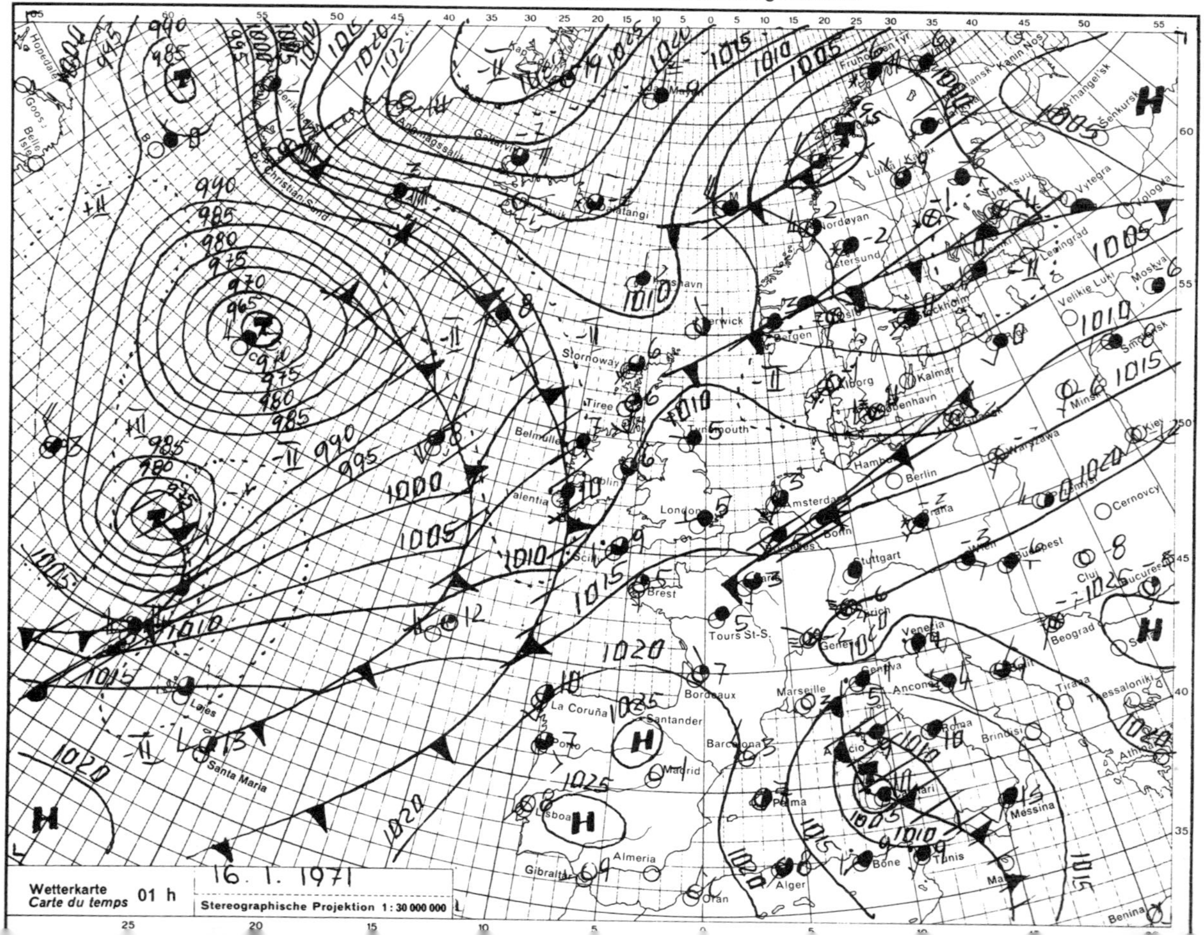

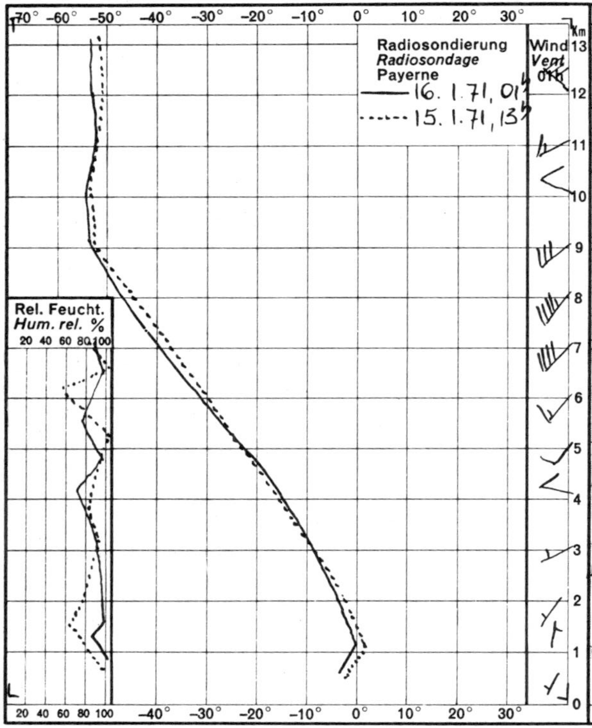
Radiosondierung
Radiosondage
Payerne
16. 1.71, 01h
15. 1.71, 13h
Wind
Vent
01h
Km
Rel. Feucht.
Hum. rel. %

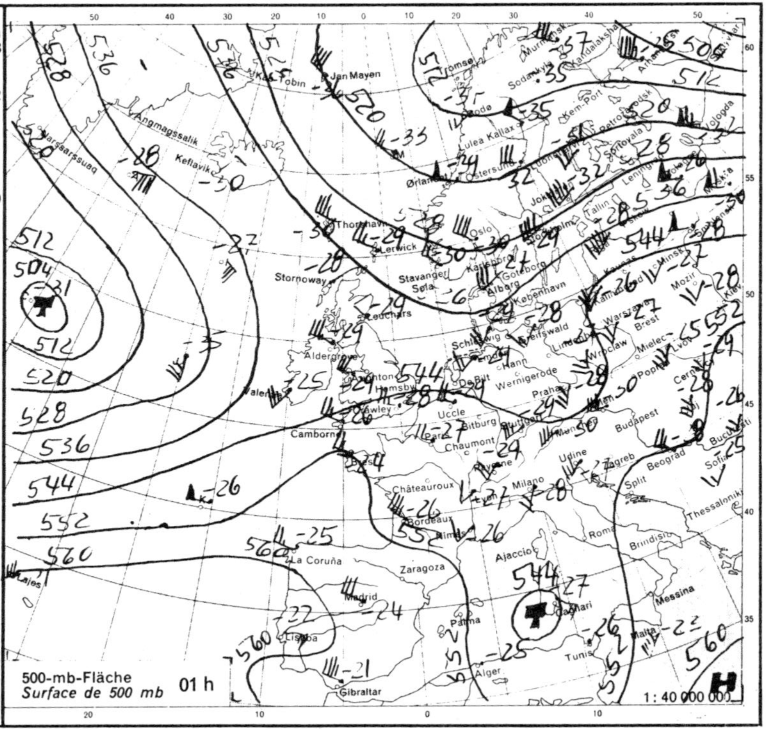
500-mb-Fläche
Surface de 500 mb
01 h
1:40 000 000

TT = Temperatur °C UU = Feuchtigkeit/*Humidité* % (100 % = 00) DD = Windrichtung/*Direction du vent* FF = Windgeschwindigkeit in Knoten/*Vitesse du vent en noeuds* W = Wetter/*Temps:* ○ hell/*clair* ◔ leicht bewölkt/*peu nuageux* ◑ bewölkt/*nuageux* ◕ stark bewölkt/*très nuageux* ● bedeckt/*couvert* • Regen/*pluie* ∗ Schnee/*neige* ⇘ Gewitter/*orage* ≡ Nebel/*brouillard* RR = Niederschlag/*Précipitations* mm ⊙ Sonne/*Insolation* 1/10h N∗ = Neuschnee/*Nouvelle neige* cm ∗H = Höhe der totalen Schneedecke/*Hauteur totale de la neige* cm.

Stat.-Nr.	Station	Höhe in Metern *Altitude*	Freitag, den 15. Januar 1971 13h TT	UU	DDFF	W	19h TT	UU	DDFF	W	RR 07-19h	⊙	Baro. 1/10 mb Mittel *Moyen*	07h	Samstag, 16.1.71 07h TT	UU	DDFF	W	RR 19-07h	N∗	∗H
1	Basel Flughafen	268	0	75	1604	◕	0	82	1606	◕		2.9	985^{5}	9851	-2	86	1606	◕	[illegible]	+16	6
2	Olten	413	-3	00	2302	≡	-5	00	2402	≡		0.0	969^{0}	9686	-5	00	2302	≡			3
3	Weißenstein	1228	5	61	1308	◔	0	65	1508	○			877^{0}	8746	-1	72	2708	◑			4
4	La Chaux-d-Fds	990	4	70	2302	◕	2	79	3202	◔		4.4	902^{5}	9891	1	84	3500	●			4
5	Neuchâtel	487	-3	98	0000	≡	-2	99	0000	≡		0.0	959^{5}	9596	-3	98	0000	≡	16.6	-3	
6	Romont	764	-1	63	1902	◕	-3	85	1602	○			928^{0}	9264	-5	90	1802	●			5
7	La Dôle	1672	0	78	1002	◕	-2	93	1002	◑		5.0	830^{5}	8264	-5	00	2902	≡			
8	Genève-Aéroport	430	-1	97	0000	●	-1	96	3003	●		0.0	966^{0}	9680	-3	96	2703	≡	24.2	-2	6
9	Lausanne	618	0	00	1603	≡	-1	00	1403	≡		0.0	944^{5}	9438	-1	00	1301	≡	31.8	-1	2
10	Montreux-Clar.	408	0	90	2502	●	0	93	2702	●		0.0	969^{0}	9687	-1	91	2702	●	31.4	+4	
11	Leysin	1358	0	49	2101	○	-1	55	1802	○		7.4	863^{0}	8609	-3	62	3402	○			
12	Sion	549	2	90	0801	○	-2	99	2400	◕		3.2	951^{5}	9531	-7	99	2400	≡	35.8	+6	
13	Montana-Verm.	1510											847^{0}								
14	Zermatt	1632	-1	55	2305	○	-6	69	2402	○		4.6	834^{5}	8318	-8	76	2302	○			22
15	Bern	572	-1	83	1601	◕	-2	91	2701	◕		4.9	950^{0}	9491	-7	97	2701	≡	7.0	+17	7
16	Koppigen-Ö'berg	482	-2	99	1802	◕	-5	00	3201	≡		3.2	960^{0}	9604	-7	99	3202	●			5
17	Saanen-Gstaad	1010	-2	71	0900	◕	-7	95	0900	◔			900^{5}	8991	-11	98	0900	○			9
18	Interlaken	574	0	92	1803	○	-2	95	1800	≡		2.5	949^{5}	9489	-4	98	1800	●			11
19	Mürren	1639	0	57	1102	○	-5	70	3404	○		4.6	833^{5}	8300	-1	72	3204	○			14
20	Jungfraujoch	3576	-14	00	1306	◕	-14	86	1306	◔		6.4	653^{0}	6467	-14	76	3101	◑			
21	Luzern	437	-1	99	2402	≡	-2	59	2304	≡		0.0	965^{5}	9643	-5	95	2303	≡	2.5	-8	15
22	Rigi-Kaltbad	1454	3	54	0600	○	-1	70	2003	○		6.6	853^{0}	8407	1	99	2804	○			5
23	Engelberg	1018	1	65	1406	○	-5	87	1204	○		3.0	899^{5}	8977	-6	90	1203	◕			19
24	Gütsch-Oberalp	2288	-5	65	1512	◔	-8	65	1404	○		7.0	769^{0}	7642	-8	71	0000	◕			75
25	Zürich Flughafen	431	-3	94	3205	◕	-4	59	0801	≡		2.9	966^{0}	9660	-7	97	0000	≡	14.1	-3	9
26	Einsiedeln	914	4	59	1901	○	-5	93	1100	○			911^{5}	9094	-8	97	2200	◔			25
27	Altdorf	451	-1	97	1700	≡	-2	97	1700	≡		0.0	964^{0}	9635	-5	98	1700	≡			7
28	Glarus	490	0	98	1800	○	-4	84	1800	○			959^{0}	9591	-5	84	1800	○			12
29	Schaffhausen	457	-2	85	1404	◕	-3	91	1204	●		0.0	963^{0}	9620	-6	98	2704	●			5
30	Kreuzlingen	446	-2	95	2402	◕	-5	92	2501	◔			964^{5}	9633	-5	92	2501	●			3
31	St. Gallen	664	-1	92	0601	≡	-1	85	0201	○		2.9	939^{5}	9378	-3	86	0201	◕			12
32	Heiden	815	-2	59	0401	○	-1	91	2001	○			922^{0}	9207	-2	96	2001	◕			17
33	Säntis	2500	-7	98	2407	◕	-9	95	2502	◔		5.2	749^{0}	7429	-9	00	2705	◕	92.4	+63	220

34	Bad Ragaz	510	1	79	0300	○	-4	92	1100	≡		3.7	957^0	9563	-6	93	2900	◔			7
35	Chur	586	6	33	2203	○	-2	84	0401	●			948^0	9471	-3	78	1801	◔			1
36	Disentis	1173	4	52	2106	○	0	58	3007	○		5.1	883^0	8808	-2	62	2400	◔			6
37	Arosa	1818	-2	54	1404	○	-5	65	3001	○		6.1	815^5	8112	-5	65	0000	◑			44
38	Davos	1592	0	50	0603	○	-5	73	1101	◔		5.9	838^5	8352	-7	83	0901	◑	66/+58		30
39	Weißfluhjoch	2667	-9	73	1505	◑	-10	70	0000	◔		6.0	733^5	7277	-9	82	0000	◑			126
40	Schuls-Tarasp	1253	1	81	2700	○	-5	80	2701	○		4.8	874^0	8725	-7	86	2500	●			5
41	St. Moritz	1833	-4	62	0000	○						2.5	814^0	8105	-10	84	0900	◑			65
42	Lugano città	276	4	90	1703	◑	3	94	1601	◔		0.0	983^0	9840	1	96	3001	◑	64.8727		16
43	Locarno-Monti	379	4	90	1904	◑	2	82	0501	◔		1.4	971^0	9721	1	83	3501	◑			20
44	Acquarossa	552	3	85	0000	◑	-1	97	0000	◔			951^0	9510	-2	82	0000	◑			21
45	San Bernardino	1638	-2	85	0600	◑	-9	96	3300	◔		2.1	833^5	8305	-8	00	3300	●			72

Max.	Min.	1			7			8			12			13	15			25			33			42			43		
			4	-5		1	-6		0	-3		4	-7			2	-7		0	-8		-5	-10		5	1		5	1

≡meer : 20. 700m / 22. 700m / 33. 700m

Agrarmeteorologisches Bulletin Woche vom 8. bis 14.1.1971
Bulletin agrométéorlogique Semaine du 8. au 14.1.1971

		1	2	3	4	5	6	7	8
Lufttemperatur / **Température (air)**	C°	-4	-1	-1	-4	-3	-7	-3	2
Feuchtigkeit / Humidité	%	84	100	88	89	97	97	89	84
Sonnenscheindauer / Durée d'insolation	Std / h	27	6	41	34	1	3	8	32
Niederschlagsmenge / **Précipitations**	mm	.	.	.	.	.	.	.	2
Verdunstung / Evapotranspiration	mm	1	0	1	1	0	0	0	1
Wasserbilanz / Bilan hydrique	mm	-1	-0	-1	-1	-0	-0	-0	1

1 = Basel, 2 = Lausanne, 3 = Sion, 4 = Bern, 5 = Luzern
6 = Zürich Flughafen, 7 = St.Gallen, 8 = Lugano

Bodentemperaturen (**Wochenmittel**)
Températures du sol (moyennes de 7 jours)

	Zürich	Changins (Nyon)	Coldrerio (Mendrisio)
0 cm	1.0	.	.
5 cm	1.5	-0.6	2.3
10 cm	1.9	0.3	2.8
20 cm	2.0	0.6	3.2
30 cm	.	0.8	3.7
50 cm	3.1	1.5	4.5
100 cm	4.6	4.7	7.1

A

WETTERBERICHT DER SCHWEIZERISCHEN METEOROLOGISCHEN ZENTRALANSTALT ZÜRICH

Bulletin de l'Institut Suisse de Météorologie Zurich

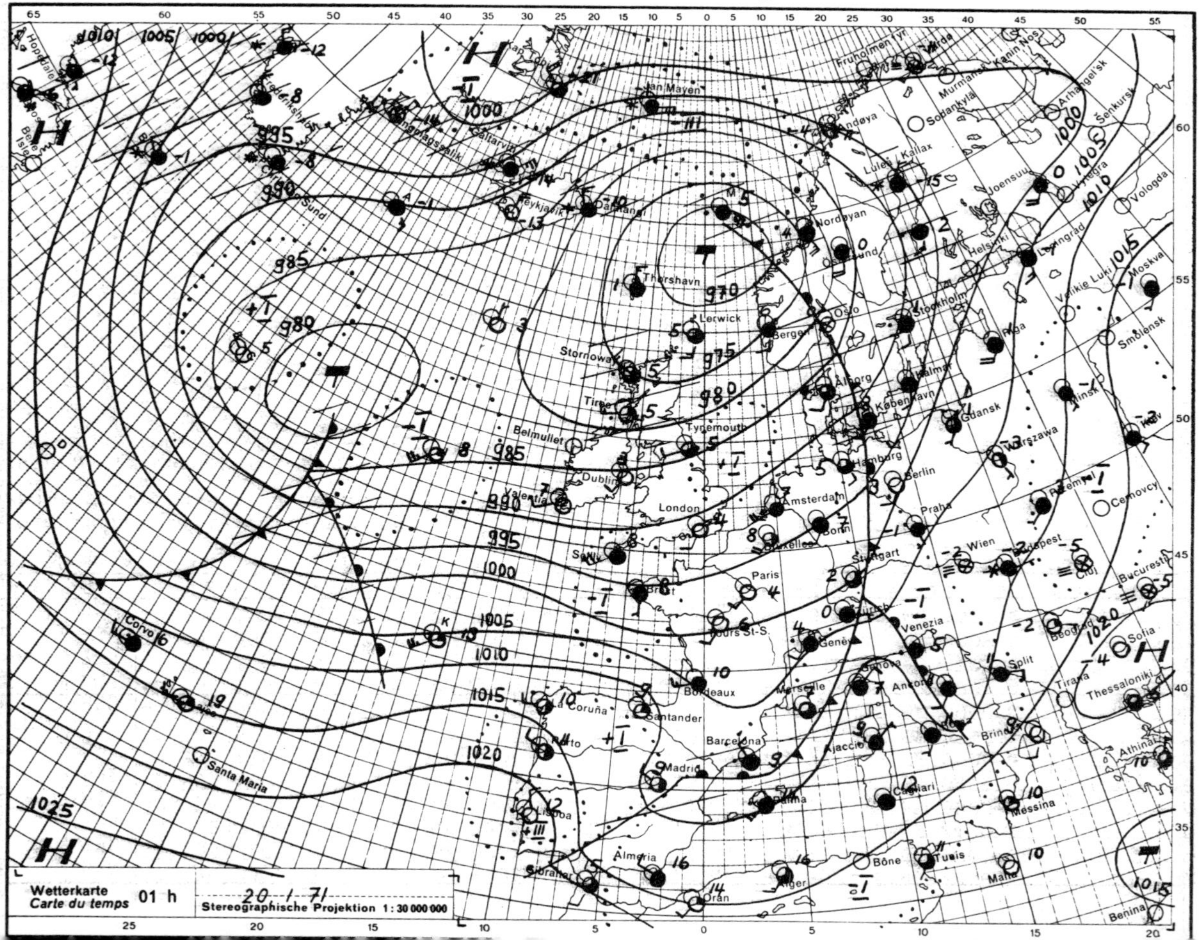

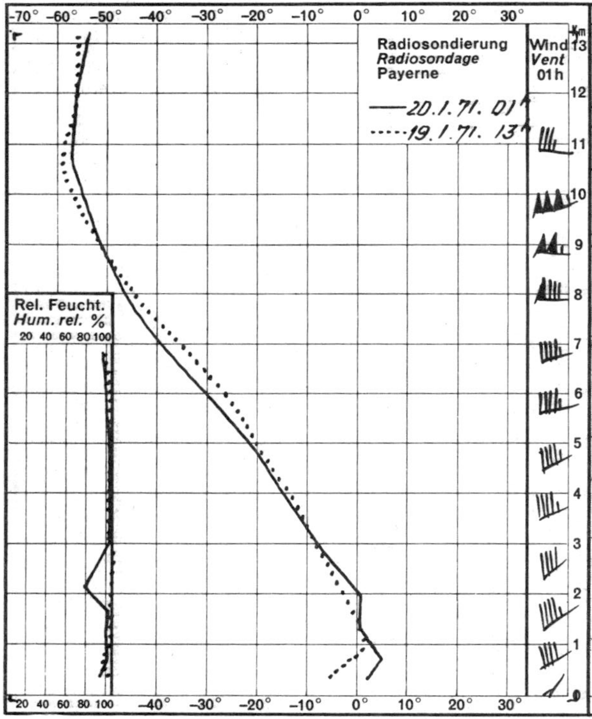
Radiosondierung
Radiosondage
Payerne
20.1.71. 01h
19.1.71. 13h
Wind
Vent
01h
Km
Rel. Feucht.
Hum. rel. %

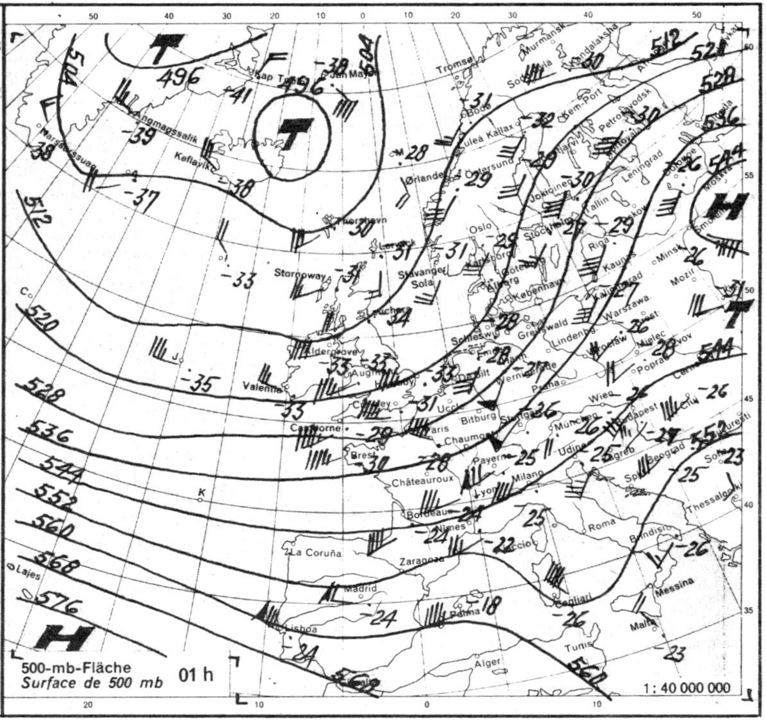
500-mb-Fläche
Surface de 500 mb
01 h
1: 40 000 000

TT = Temperatur °C UU = Feuchtigkeit/*Humidité* % (100 % = 00) DD = Windrichtung/*Direction du vent* FF = Windgeschwindigkeit in Knoten/*Vitesse du vent en noeuds* W = Wetter/*Temps:* ○ hell/*clair* ◔ leicht bewölkt/*peu nuageux* ◑ bewölkt/*nuageux* ◕ stark bewölkt/*très nuageux* ● bedeckt/*couvert* • Regen/*pluie* ✻ Schnee/*neige* ⩩ Gewitter/*orage* ≡ Nebel/*brouillard* RR = Niederschlag/*Précipitations* mm ⊙ Sonne/*Insolation* 1/10h N✻ = Neuschnee/*Nouvelle neige* cm ✻H = Höhe der totalen Schneedecke/*Hauteur totale de la neige* cm.

Stat.-Nr.	Station	Höhe in Metern *Altitude*	13h Dienstag, den 19. Janura 1971 TT	UU	DDFF	W	TT	UU	DDFF	W	RR 07-19h	19h ⊙	Baro. 1/10 mb Mittel *Moyen*	07h	Mittwoch, 20.1.71. 07h TT	UU	DDFF	W	RR 19-07h	N✻	✻H
1	Basel Flughafen	268	1	93	1804	●	3	77	1206	◕	6	0.0	985^{5}	9715	2	93	0000	◕	2		
2	Olten	413	-1	00	2310	✻	1	00	2400	≡	3	0.0	969^{0}	9553	2	00	2700	✻	4		5
3	Weißenstein	1228	-1	99	2330	✻≡	0	99	1430	≡	18		877^{0}	8634	0	99	2210	≡	2	16	16
4	La Chaux-d-Fds	990	4	86	2606	●	4	86	1708	◑	5	0.0	902^{5}	8871	3	84	2700	●	5	2	2
5	Neuchâtel	487	1	96	2508	≡	3	98	2706	◕	9	0.0	959^{5}	9464	3	97	2702	≡	3		1
6	Romont	764	1	97	2810	✻•	2	88	2910	◔	6		928^{0}	9146	2	96	2906	•	8		4
7	La Dôle	1672	-2	00	2424	✻≡	-2	00	2315	✻	5	0.0	830^{5}	8163	-2	00	2607	●	7	3	10
8	Genève-Aéroport	430	4	94	2102	•	3	95	2503	◑	6	0.0	966^{0}	9543	3	95	0302	•		3	1
9	Lausanne	618	3	00	1703	•	4	97	1802	◔	7	0.0	944^{5}	9312	3	00	1304	•	8		
10	Montreux-Clar.	408	3	93	2902	•	3	90	2702	◕	4	0.0	969^{0}.	9559	3	95	2704	•	3		
11	Leysin	1358	0	96	2201	•	1	80	2706	●	4	0.0	863^{0}	8506	0	95	2801	✻	1	7	7
12	Sion	549	2	99	3201	✻•	1	99	0701	✻•	6	0.0	951^{5}	9419	1	99	0700	≡			
13	Montana-Verm.	1510											847^{0}								
14	Zermatt	1632	-1	75	3404	●	-4	97	2302	◑		0.0	834^{5}	8224	-5	91	2502	◕			22
15	Bern	572	-1	92	1404	✻	1	90	2101	●	2	0.0	950^{0}	9366	1	92	1505	•	9	1	7
16	Koppigen-Ö'berg	482	0	00	2504	✻	1	00	2104	●	4	0.0	960^{0}	9479	2	99	2006	•	5		7
17	Saanen-Gstaad	1010	5	95	1200	✻≡	-1	98	0200	≡	3		900^{5}	8875	-1	98	0300	✻≡	3		11
18	Interlaken	574	1	71	2203	○	0	94	0903	○	1	0.0	949^{5}	9367	1	99	0403	◕			11
19	Mürren	1639	-1	79	1000	✻	-1	90	3404	●	5	0.0	833^{5}	8203	-2	82	3202	◕		5	19
20	Jungfraujoch	3576	-12	00	2916	✻≡	-13	00	3110	◕		0.0	653^{0}	6412	-12	00	3102	✻			
21	Luzern	437	0	89	2302	•	0	93	2302	≡		0.0	965^{5}	9517	1	98	2302	•≡			13
22	Rigi-Kaltbad	1454	-1	99	0804	✻	1	81	0900	◔	4	0.0	853^{0}	8396	-1	98	0901	✻≡	5	11	11
23	Engelberg	1018	1	65	2309	●	0	99	2000	≡		0.0	899^{5}	8870	0	93	1702	●		1	17
24	Gütsch-Oberalp	2288	-6	95	1416	✻	-7	94	1512	✻		0.0	769^{0}	7564	-7	94	1715	✻	1	1	71
25	Zürich Flughafen	431	-2	99	1406	✻≡	1	00	0000	◑	2	0.0	'966^{0}	9531	3	97	0905	•	3		8
26	Einsiedeln	914	1	69	0904	●	-1	00	2801	◑	2		911^{5}	8984	0	00	1701	✻	2	2	27
27	Altdorf	451	2	68	3200	◕	2	78	3500	◑		0.0	964^{0}	9508	1	94	1800	●			6
28	Glarus	490	1	72	3610	●	2	88	1800	●	1		959^{0}	9480	2	88	2200	●			10
29	Schaffhausen	457	-4	97	3204	≡	-1	99	3204	≡	2	0.0	963^{0}	9492	2	00	2804	≡		2	7
30	Kreuzlingen	446	-2	95	2602	•✻≡	0	95	1301	○	6		964^{5}	9501	3	95	2501	●	3		2
31	St. Gallen	664	0	87	1001	●	2	92	0000	◑	2	0.0	939^{5}	9260	0	85	2505	●	1		12
32	Heiden	815	3	94	2005	•	3	86	2007	◑	2		922^{0}	9092	3	82	2408	◑	4		16
33	Säntis	2500	-7	00	2617	✻≡	-6	00	2610	≡	3	0.0	749^{0}	7354	-7	00	2507	✻	7	4	200

34	Bad Ragaz	510	0	81	3105	●	0	84	1302	●		0.0	957⁰	9443	1	92	2202	◕			5
35	Chur	586	8	47	2510	●	1	79	2700	●			948⁰	9355	3	70	3600	●			
36	Disentis	1173	5	55	2405	●	3	66	2205	●		0.0	883⁰	8712	2	67	3003	◕			6
37	Arosa	1818	0	68	1305	*	-2	94	0000	*		0.0	815⁵	8027	-3	79	0000	●		1	44
38	Davos	1592	1	82	0201	*	-1	95	3201	●		0.0	838⁵	8260	-4	88	3201	◕			30
39	Weißfluhjoch	2667	-8	92	1512	*≡	-8	00	1503	≡		0.0	733⁵	7205	-7	76	1505	◕			127
40	Schuls-Tarasp	1253	-1	90	2700	●	-2	95	2701	*	1	0.0	874⁰	8630	-6	95	2701	○	1	2	5
41	St. Moritz	1833	-2	82	2900	●	-3	85	2400	●	2	0.0	814⁰	8024	-6	90	2400	◑	1	3	70
42	Lugano città	276	3	98	0902	•	3	98	3601	●	4	0.0	983⁰	9744	3	98	3203	●			14
43	Locarno-Monti	379	2	97	0901	•	2	98	0000	•	4	0.0	971⁰	9623	3	95	0301	●	1		13
44	Acquarossa	552	1	98	0000	*	1	99	0000	●	6		951⁰	9422	2	96	0000	●	4	2	2
45	San Bernardino	1638	-2	00	1202	*	-3	00	1300	*≡	8	0.0	833⁵	8225	-3	00	1804	≡		10	77
Max.	Min.	3	1	2	-3	4	2	4	0			1	2	1	-1	-6	-8	4	2	3	

Wetterübersicht:
Ein ausgedehntes Tief erstreckt sich vom Nordatlantik bis nach Nordeuropa. Die dazugehörigen Fronten beeinflussen das Wetter in der Schweiz.

Wetteraussichten bis Samstag, 23.1.71:
Ganze Schweiz: zuerst stark bewölkt oder bedeckt, zeitweise Niederschläge, Schnee bis 800m. Später auf der Alpennordseite unter Föhneinfluss wechselnd bewölkt und Nachlassen der Niederschläge. Temperatur etwas sinkend, später auf der Alpennordseite leicht steigend.

Evolution probable jusqu'à samedi, 23.1.71:
Toute la Suisse: très nuageux ou couvert, précipitations intermittentes, neige jusqu'à 800 m. Ensuite au nord des Alpes, sousl'influence du foehn, nébulosité variable et cessation des précipitations. Température en lente baisse puis en hausse au nord des Alpes.

Evoluzione fino a sabato, 23.1.71:
Dapprima molto nuvoloso o coperto, precipitazioni intermittenti, neve fino a 800 m. Più tardi al nord delle Alpi per influsso favonico nuvolosità variabile e fine delle precipitazioni. Temperature dapprima in lieve diminuzione, più tardi al nord delle Alpi in lieve aumento.

Kor: 19.1.71	7Uhr:	Bern	5.8	9396	-4	89	0601	●	7
		Koppigen	0.0	9511	-5	00	2002	●	5

WETTERBERICHT DER SCHWEIZERISCHEN METEOROLOGISCHEN ZENTRALANSTALT ZÜRICH

Bulletin de l'Institut Suisse de Météorologie Zurich

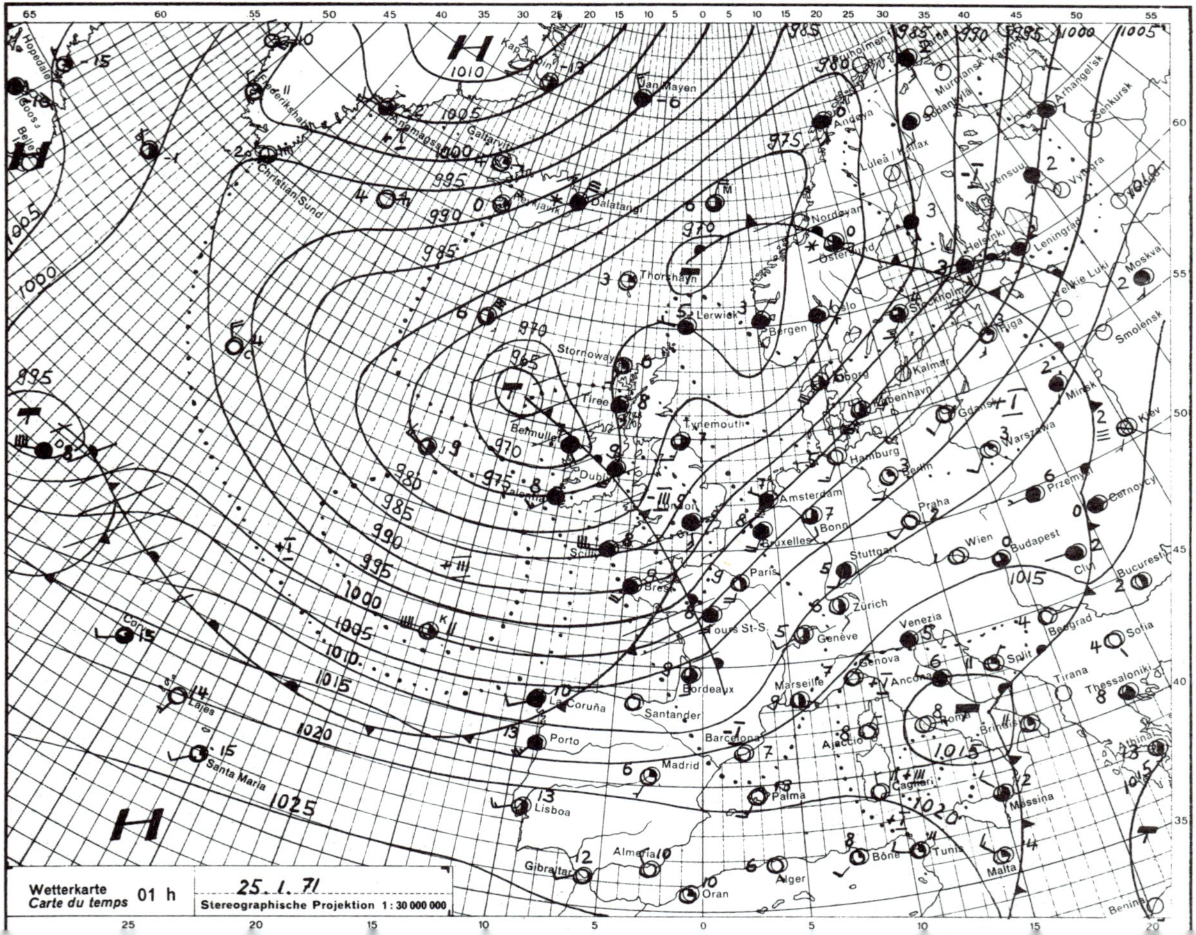

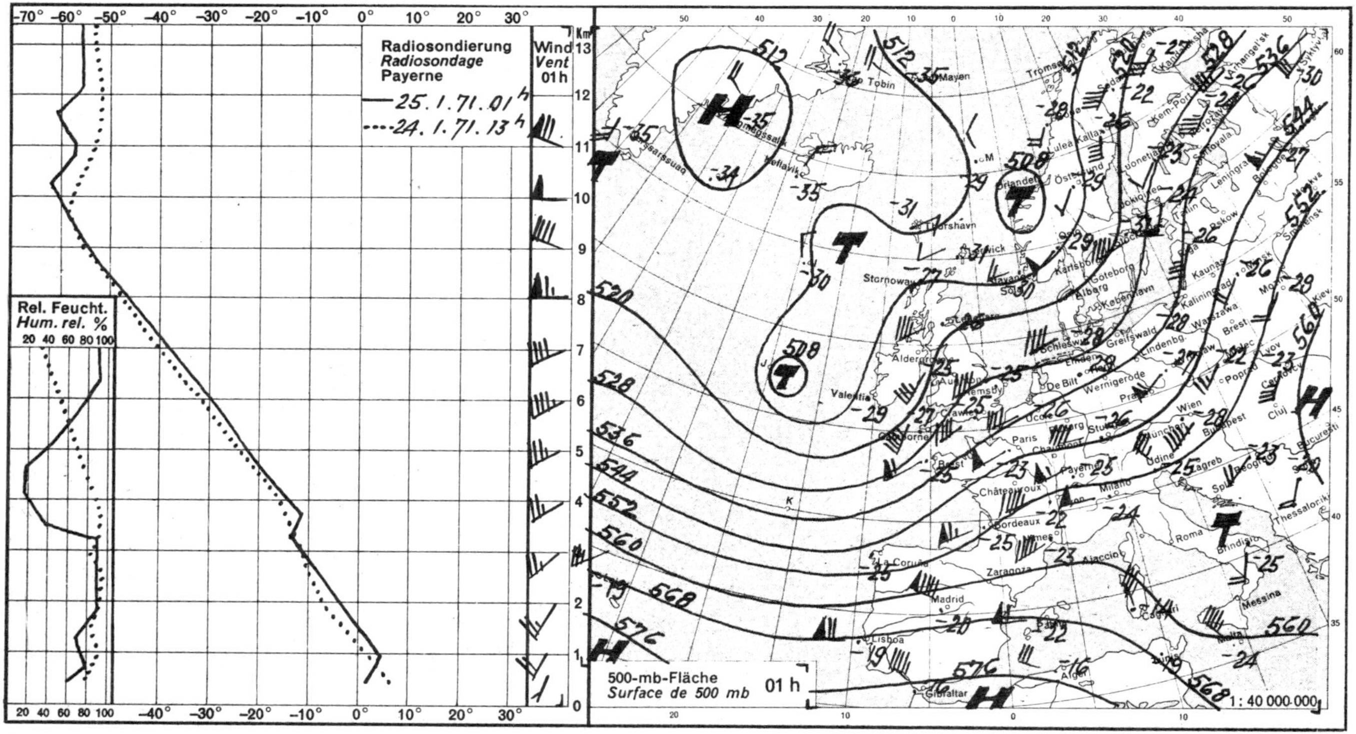
Radiosondierung
Radiosondage
Payerne
25.1.71.01h
24.1.71.13h
Wind
Vent
01h
Km
Rel. Feucht.
Hum. rel. %
500-mb-Fläche
Surface de 500 mb
01 h
1: 40 000 000

TT = Temperatur °C UU = Feuchtigkeit/*Humidité* % (100 % = 00) DD= Windrichtung/*Direction du vent* FF = Windgeschwindigkeit in Knoten/*Vitesse du vent en noeuds* W = Wetter/*Temps:* ○ hell/*clair* ◔ leicht bewölkt/*peu nuageux* ◑ bewölkt/*nuageux* ◕ stark bewölkt/*très nuageux* ● bedeckt/*couvert* • Regen/*pluie* ∗ Schnee/*neige* ⏉ Gewitter/*orage* ≡ Nebel/*brouillard* RR = Niederschlag/*Précipitations* mm ⊙ Sonne/*Insolation* 1/10h N∗ = Neuschnee/*Nouvelle neige* cm ∗H = Höhe der totalen Schneedecke/*Hauteur totale de la neige* cm.

Stat.-Nr.	Station	Höhe in Metern *Altitude*	13h Sonntag, den 24. Januar 1971								19h		Baro. 1/10 mb		Montag, 25. 1. 1971 07h						
			TT	UU	DDFF	W	TT	UU	DDFF	W	RR 07-19h	⊙	Mittel *Moyen*	07h	TT	UU	DDFF	W	RR 19-07h	N∗	∗H
1	Basel Flughafen	268	10	62	2214	◕	6	97	3004	•	2	4.0	985^{5}	9728	6	93	1606	◑	1		
2	Olten	413	8	70	2010	◕	7	70	2106	◑		4.1	969^{0}	9572	1	90	2700	●			
3	Weißenstein	1228	0	95	2320	●	2	73	2420	●	1		877^{0}	8652	-1	71	2610	●			13
4	La Chaux-d-Fds	990	4	84	2308	●	5	80	2414	◑		0.9	902^{5}	8880	6	48		●			
5	Neuchâtel	487	7	70	2314	●	6	67	2912	◕		2.1	959^{5}	9486	3	87	1102	●			
6	Romont	764	4	68	2012	●	5	66	1912	◑			928^{0}	9168	-2	67	1906	◕			1
7	La Dôle	1672	-1	00	2720	≡	-2	00	2315	≡		0.0	830^{5}	8191	0	58	2025	◕			
8	Genève-Aéroport	430	10	50	2317	◕	7	57	2208	◕		3.7	966^{0}	9563	3	72	2607	●			
9	Lausanne	618	7	60	2210	◔	6	59	2512	◕		1.7	944^{5}	9332	5	58	1305	◑			
10	Montreux-Clar.	408	7	71	1802	◕	8	55	2502	◕	1	2.0	969^{0}	9573	6	55	3404	●			
11	Leysin	1358	3	65	2506	○	2	74	2701	◔		1.2	863^{0}	8531	4	39	2801	●			12
12	Sion	549	3	97	1900	◕	3	98	0500	◑		2.0	951^{5}	9463	2	84	0301	●			
13	Montana-Verm.	1510											847^{0}								
14	Zermatt	1632	1	72	3102	◕	-3	82	2700	○	3	3.1	834^{5}	8271	-4	80	2902	○			33
15	Bern	572	8	59	2412	◕	7	54	2406	◕		4.1	950^{0}	9383	2	80	0901	●			
16	Koppigen-Ö'berg	482	6	72	2220	◕	4	80	2705	●		3.1	960^{0}	9491	0	98	1802	●			
17	Saanen-Gstaad	1010	5	70	2300	◑	2	81	3400	●	1		900^{5}	8900	-2	90	0904	●			9
18	Interlaken	574	5	85	0904	◑	3	97	0900	◕		3.3	949^{5}	9519	0	97	0900	●			7
19	Mürren	1639	1	44	1602	◔	1	46	2606	◑	4	2.3	833^{5}	8209	2	46	2904	●			30
20	Jungfraujoch	3576	-16	00	3118	◕	-14	00	3145	●		1.3	653^{0}	6444	-12	89	1314	●			
21	Luzern	437	7	85	2302	◑	8	85	2302	◑		0.0	965^{5}	9539	1	85	2400	◔			4
22	Rigi-Kaltbad	1454	2	53	0404	◑	2	51	0505	●		2.3	853^{0}	8422	2	40	0505	●			16
23	Engelberg	1018	5	37	1905	◑	6	46	1710	◑	3	1.7	899^{5}	8889	0	71	1405	●			18
24	Gütsch-Oberalp	2288	-5	52	0110	◕	-6	84	2008	◕	4	0.4	769^{0}	7616	-6	66	1432	◔		11	95
25	Zürich Flughafen	431	8	60	2520	◔	7	67	2507	•		4.1	966^{0}	9552	1	88	0605				
26	Einsiedeln	914	5	59	2302	◕	5	52	2505	●	2		911^{5}	9004	-1	81	2603	◕			21
27	Altdorf	451	6	81	3200	●	5	76	1700	●	3	1.3	964^{0}	9516	12	27	1620	◕			
28	Glarus	490	5	78	1800	●	4	80	1804	●	4		959^{0}	9497	0	75	2300	○			7
29	Schaffhausen	457	8	68	3202	◕	4	81	3204	•	2	2.7	963^{0}	9521	0	98	2202	◔			1
30	Kreuzlingen	446	7	64	2005	◕	4	83	2601	●	1		964^{5}	9525	0	88	2102	◔			
31	St. Gallen	664	7	57	2004	◕	7	51	2208	◕	2	0.4	939^{5}	9278	2	70	2500	◔			5
32	Heiden	815	6	58	2104	◕	5	56	2308	◕	2	3.7	922^{0}	9106	3	72	2607	●			
33	Säntis	2500	-9	98	2822	◕	-8	00	2818	∗≡	1	0.3	749^{0}	7389	-7	83	2213	◔		2	230

34	Bad Ragaz	510	7	76	3300	●	5	81	2000	●	1	0.0	957⁰	9476	6	44	1320	◐			
35	Chur	586	5	79	2700	●	5	73	1402	●	3		948⁰	9402	5	41	2724	◐			•
36	Disentis	1173	2	96	2000	●	2	86	3500	●	1	0.3	883⁰	8766	3	48	3308	●			19
37	Arosa	1818	-1	88	1601	●	-4	82	0000	●	5	0.6	815⁵	8072	-2	48	1808	◐		8	66
38	Davos	1592	1	70	0502	●	-3	82	2302	●	4	0.7	838⁵	8311	-6	86	2702	◐			45
39	Weißfluhjoch	2667	-8	55	2304	●	-8	55	1801	●		1.0	733⁵	7253	-7	44	1309	◐		2	138
40	Schuls-Tarasp	1253	1	84	2200	●	-3	98	2300	◐	6	0.8	874⁰	8692	-9	95	2102	○	6	10	25
41	St. Moritz	1833	-1	61	0600	●	-6	75	0600	○	2	0.0	814⁰	8080	-10	84	2400	○			90
42	Lugano città	276	4	98	2202	●	4	95	3602	●	4	2.0	983⁰	9825	4	98	3602	●			9
43	Locarno-Monti	379	3	95	0000	●	4	88	2802	◐	3	0.0	971⁰	9708	3	89	3401	●			20
44	Acquarossa	552	3	92	0000	●	1	95	0000	◐			951⁰	9500	1	85	0000	●			26
45	San Bernardino	1638	0	73	3308	●	-7	93	2500	◐	1	0.1	833⁵	8288	-9	00	2100	○			115
Max. Min.	[1] 11	1	[7] 2	-1	[8] 11	3	[12] 6	1	[13]		[15] 8	2	[25] 9	1	[33] -6	-8	[42] 7	3	[43] 7	2	

27. Föhn 25.1.71 ab 0410h

Wetterübersicht:

Eine Störungslinie, die zu einem Tief nordwestlich von Irland gehört, verursacht Niederschläge über England und Frankreich. Mit der starken, westlichen Höhenströmung verlagert sie sich rasch gegen Osten und wird im Laufe des Tages auch unser Land erreichen.

Wetteraussichten bis Donnerstag, 28.1.71:

Alpennordseite: anfangs stark bewölkt oder bedeckt und zeitweise Niederschläge, Schnee bis ca. 1400m. Dann vorübergehende Bewölkungsauflockerung und teilweise sonnig. Später wieder zunehmende Bewölkung und neue Niederschläge.

Alpensüdseite: meist stark bewölkt oder bedeckt und zeitweise einige Niederschläge, besonders in den Bergen. Temperatur allmählich fallend.

Evolution probable jusqu'à jeudi, 28.1.71:

Nord des Alpes: au début très nuageux ou couvert et précipitations intermittentes. Neige jusque vers 1400m. Ensuite diminution passagère de la nébulosité et en partie ensoleillé. Plus tard nouvelle augmentation de la nébulosité et précipitations.

Sud des Alpes: généralement très nuageux à couvert et quelques précipitations intermittentes, surtout en montagne. Température en légère baisse.

Evoluzione fino a giovedì, 28.1.71:

Nord delle Alpi: dapprima molto nuvoloso o coperto e ad intervalli precipitazioni, neve fin verso 1400m. In seguito diminuzione passeggera della nuvolosità ed in parte soleggiato. Più tardi nuovo aumento della nuvolosità e suseguenti precipitazioni. Sud delle Alpi: in prevalenza molto nuvoloso o coperto e ad intervalli qualche precipitazione, specialmente in montagna.

B

WETTERBERICHT DER SCHWEIZERISCHEN METEOROLOGISCHEN ZENTRALANSTALT ZÜRICH

Bulletin de l'Institut Suisse de Météorologie Zurich

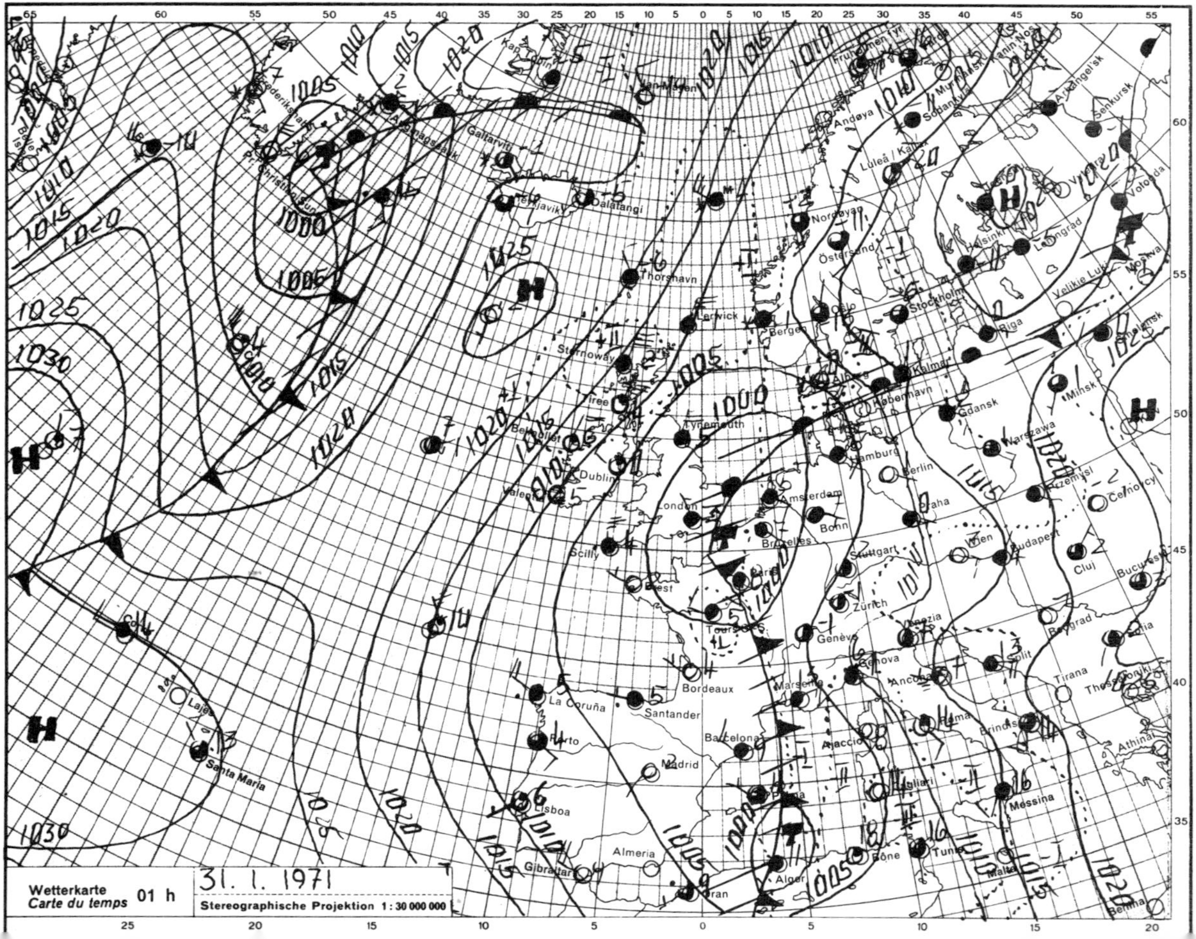

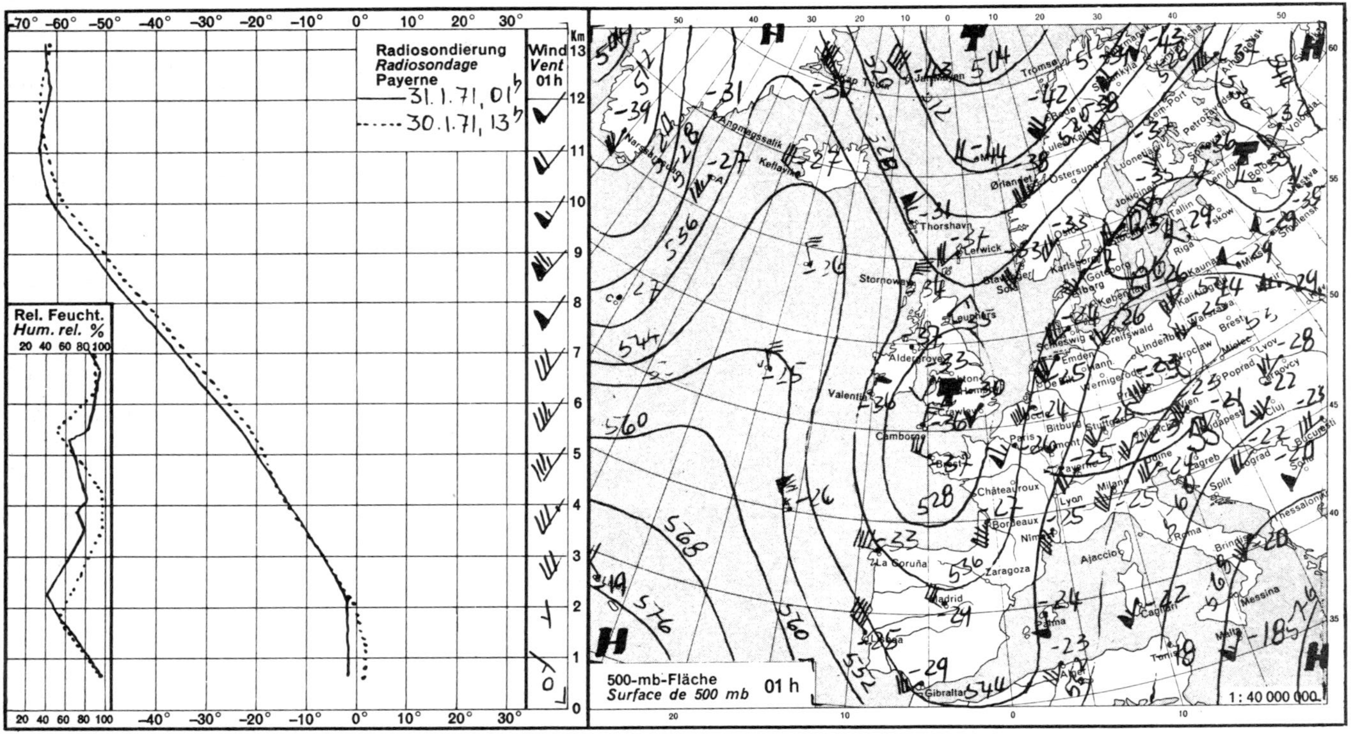

Radiosondierung
Radiosondage
Payerne
31.1.71, 01h
30.1.71, 13h
Wind
Vent
01 h
Km
Rel. Feucht.
Hum. rel. %
500-mb-Fläche
Surface de 500 mb
01 h
1 : 40 000 000

TT = Temperatur °C UU = Feuchtigkeit/*Humidité* % (100 % = OO) DD= Windrichtung/*Direction du vent* FF = Windgeschwindigkeit in Knoten/*Vitesse du vent en noeuds* W = Wetter/*Temps:* ○ hell/*clair* ◔ leicht bewölkt/*peu nuageux* ◑ bewölkt/*nuageux* ◕ stark bewölkt/*très nuageux* ● bedeckt/*couvert* • Regen/*pluie* ∗ Schnee/*neige* ⌈⚡ Gewitter/*orage* ≡ Nebel/*brouillard* RR = Niederschlag/*Précipitations* mm ⊙ Sonne/*Insolation* 1/10h N∗= Neuschnee/*Nouvelle neige* cm ∗H = Höhe der totalen Schneedecke/*Hauteur totale de la neige* cm.

Stat.-Nr.	Station	Höhe in Metern *Altitude*	13h Samstag, den 30. Januar 1971									19h	Baro. ¹/₁₀ mb		Sonntag, 31.1.71						07h
			TT	UU	DDFF	W	TT	UU	DDFF	W	RR 07-19h	⊙	Mittel *Moyen*	07h	TT	UU	DDFF	W	RR 19-07h	N∗	∗H
1	Basel Flughafen	268	5	76	1206	◕	4	82	2404	◕		0.0	985^{5}	9695	-1	95	3002	◕			
2	Olten	413	2	83	0504	●	1	46	2302	◔		0.0	969^{0}	9527	-2	00	2404	•≡			
3	Weißenstein	1228	5	41	0508	●	3	39	0508	◑			877^{0}	8620	2	43	1808	◕			35
4	La Chaux-d-Fds	990	5	60	2200	●	7	55	2306	◑		1.3	902^{5}	8842	3	61	2506	○			3
5	Neuchâtel	487	2	91	3204	◑	3	89	0000	◕		0.5	959^{5}	9435	-1	98	3602	◕			
6	Romont	764	2	77	0902	◕	3	73	0902	◑			928^{0}	9120	0	77	0902	◑			
7	La Dôle	1672	1	96	1715	◑	0	80	1515	◑		3.2	830^{5}	8144	0	77	1212	◕			
8	Genève-Aéroport	430	6	69	0601	◑	4	79	3204	◕		3.7	966^{0}	9511	-1	96	0000	●			
9	Lausanne	618	5	82	1803	◕	5	88	1004	◑		1.4	944^{5}	9280	2	82	0503	◔			
10	Montreux-Clar.	408	7	70	2502	◑	5	82	2902	◑		1.5	969^{0}	9523	1	92	2702	○			
11	Leysin	1358	5	50	2106	◑	4	52	2610	◑		1.1	863^{0}	8488	4	44	2806	◔			25
12	Sion	549	8	54	0300	◕	7	58	0601	◑		0.0	951^{5}	9398	4	71	0901	◔			
13	Montana-Verm.	1510											847^{0}								
14	Zermatt	1632	1	71	3200	●	-1	90	2702	●		0.0	834^{5}	8236	-1	74	2508	◑			35
15	Bern	572	3	83	2901	◕	3	78	3201	●		0.6	950^{0}	9334	0	91	2501	◔			
16	Koppigen-Ö'berg	482	1	00	3602	≡	1	99	0702	●		0.2	960^{0}	9444	-2	00	1202	●			
17	Saanen-Gstaad	1010	3	75	3100	◑	0	98	0900	◑			900^{5}	8851	-2	90	2406	◔			18
18	Interlaken	574	5	64	3100	◕	4	72	3103	●		1.3	949^{5}	9330	2	87	2703	◕	1		
19	Mürren	1639	4	46	0504	◑	4	44	1102	◕		0.3	833^{5}	8193	3	44	3002	◔			30
20	Jungfraujoch	3576	-13	00	1342	•≡	-13	00	1342	≡		0.0	653^{0}	6418	-13	00	1342	∗≡			
21	Luzern	437	4	90	0104		3	90	3502			0.2	965^{5}	9477	1	90	3304				
22	Rigi-Kaltbad	1454	6	40	0607	●	4	41	0412	◑		1.6	853^{0}	8385	5	38	0410	●			13
23	Engelberg	1018	9	40	9918	●	9	38	1024	◑		0.3	899^{5}	8850	9	37	0924	◕			7
24	Gütsch-Oberalp	2288	5	83	1632	∗	-6	94	1730	∗		0.0	769^{0}	7585	-5	95	1625	∗		2	100
25	Zürich Flughafen	431	3	85	3205	◕	2	78	2303	◑		0.6	966^{0}	9496	-2	96	0000	◑			
26	Einsiedeln	914	4	65	2504	●	6	50	2202	◕			911^{5}	8955	5	49	1805	◕			15
27	Altdorf	451	14	34	1835	◕	13	33	1630	◑		2.1	964^{0}	9483	12	35	1630	◔			
28	Glarus	490	8	55	1800	●	11	39	1810	◑			959^{0}	9447	11	41	1815	◕			
29	Schaffhausen	457	4	72	1402	●	2	85	0602	○		0.5	963^{0}	9469	-1	98	0502	○			
30	Kreuzlingen	446	2	78	1701	●	2	87	1601	○			964^{5}	9475	-1	35	1801	◕			
31	St. Gallen	664	3	75	1002	●	4	74	1101	◔		1.1	939^{5}	9231	10	35	2012	●			
32	Heiden	815	10	41	1914	●	9	44	1814	◔			922^{0}	9066	9	41	1827	●			1
33	Säntis	2500	-4	82	2114	◕	-4	83	2122	◑		1.3	749^{0}	7368	-5	82	2019	◕			230

34	Bad Ragaz	510	12	41	1320	◑	11	43	1315	◑		1.2	957^0	9436	9	48	1320	◑			
35	Chur	586	11	37	2718	●	10	40	2515	◑			948^0	9368	7	57	2012	●			
36	Disentis	1173	6	53	2110	●	5	59	2504	●		0.0	883^0	8738	3	90	2703				15
37	Arosa	1818	2	50	1304	●	0	69	0606	*		0.5	815^5	8051	-1	60	0504				60
38	Davos	1592	4	56	1802	●	0	80	2702	◑		1.3	838^5	8285	-2	80	2701	◑			42
39	Weißfluhjoch	2667	-6	81	1509	●	-6	83	1508	●		2.2	733^5	7232	-7	77	1312	◑			144
40	Schuls-Tarasp	1253	1	70	2600	●	-1	90	2500	●			874^0	8655	-2	98	1400	●			25
41	St. Moritz	1833	-1	77	2702	*	-3	89	2400	*	1	0.0	814^0	8044	-2	85	1800	●	1	1	85
42	Lugano città	276	4	98	3602	•	3	98	3602	•	12	0.0	983^0	9774	3	00	3601	•	3	2	
43	Locarno-Monti	379	2	97	0000	•	2	97	0000	•≡	2	0.0	971^0	9656	2	87	0000	•	8		
44	Acquarossa	552	2	97	0000	•*≡	1	98	0000	*≡	7		951^0	9452	1	99	0000	*	4	4	29
45	San Bernardino	1638	-2	00	1206	*	-2	00	1510	*	2	0.0	833^5	8253	-2	00	1700	*≡	6	12	120

Max.	Min.	[1] 7	-1	[7] 2	-1	[8] 7	-1	[12] 11	3	[13]		[15] 5	0	[25] 5	-2	[33] -3	-6	[42] 6	2	[43] 3	1

Das Wetter im Jahre 1970

Provisorische Klimadaten. Die Abweichungen (Abw.) sind für die Temperaturen und Niederschläge auf 60-, für die Besonnung auf 30jährige Mittelwerte bezogen, welchen auch der Wert von 100 % entspricht. Alle Temperaturangaben sind den 3 Beobachtungsterminen von 0730h, 1330h und 2130h entnommen. Als Niederschlagstage (N.tage) gelten alle Tage mit mindestens 0,3 mm Niederschlag.

	Temperaturwerte in Grad				Niederschlagsverhältnisse				Sonnenscheindauer	
	Mittel	Abw.	höchst	tiefst	Menge (mm)	%	N.tage	Abw.	Summe (h)	%
Basel	9.4	+0.2	30	-8	892	113	167	+15	1447	86
Bern	8.6	0.0	30	-12	1096	110	169	+17	1575	90
Luzern	8.5	0.0	30	-10	1364	118	183	+19	1341	87
Zürich	8.3	0.0	31	-10	1419	126	180	+14	1524	90
Kreuzlingen	8.4	+0.2	30	-11	1032	114	174	+19	1511	89
Neuchâtel	9.1	-0.1	31	-9	1142	116	167	+14	1523	90
Lausanne	9.0	-0.1	29	-8	1270	119	159	+13	1778	90
Sion	9.8	-0.2	33	-10	709	120	110	0	2034	97
Lugano	11.6	-0.2	33	-6	1526	88	121	0	2068	98
Engelberg	6.1	+0.4	28	-17	1598	102	194	+17	1320	94
Davos	2.8	+0.1	26	-18	1326	132	191	+36	1587	95
Säntis	-2.2	0.0	14	-22	3135	126	214	+20	1533	82

33. ≡meer 600m

B

WETTERBERICHT DER SCHWEIZERISCHEN METEOROLOGISCHEN ZENTRALANSTALT ZÜRICH

Bulletin de l'Institut Suisse de Météorologie Zurich

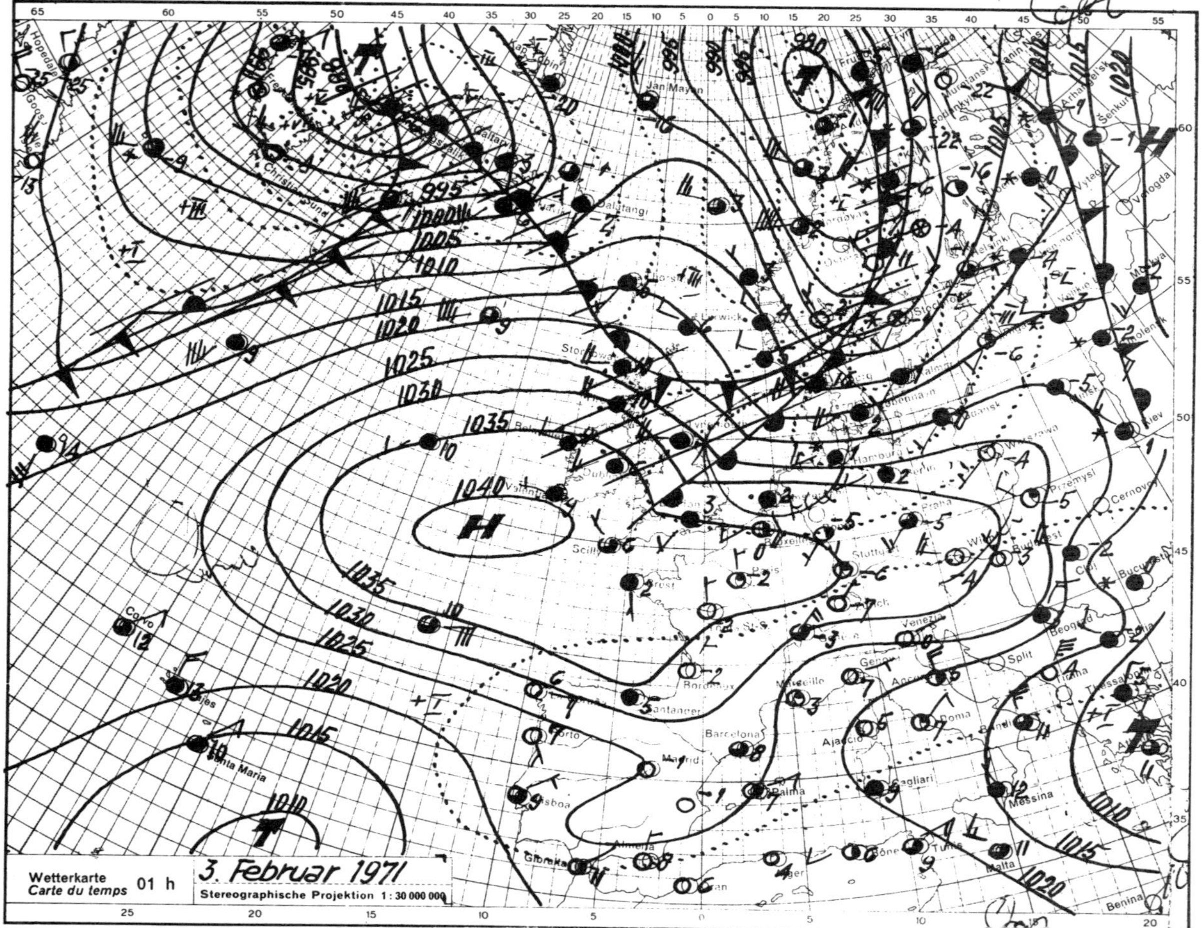

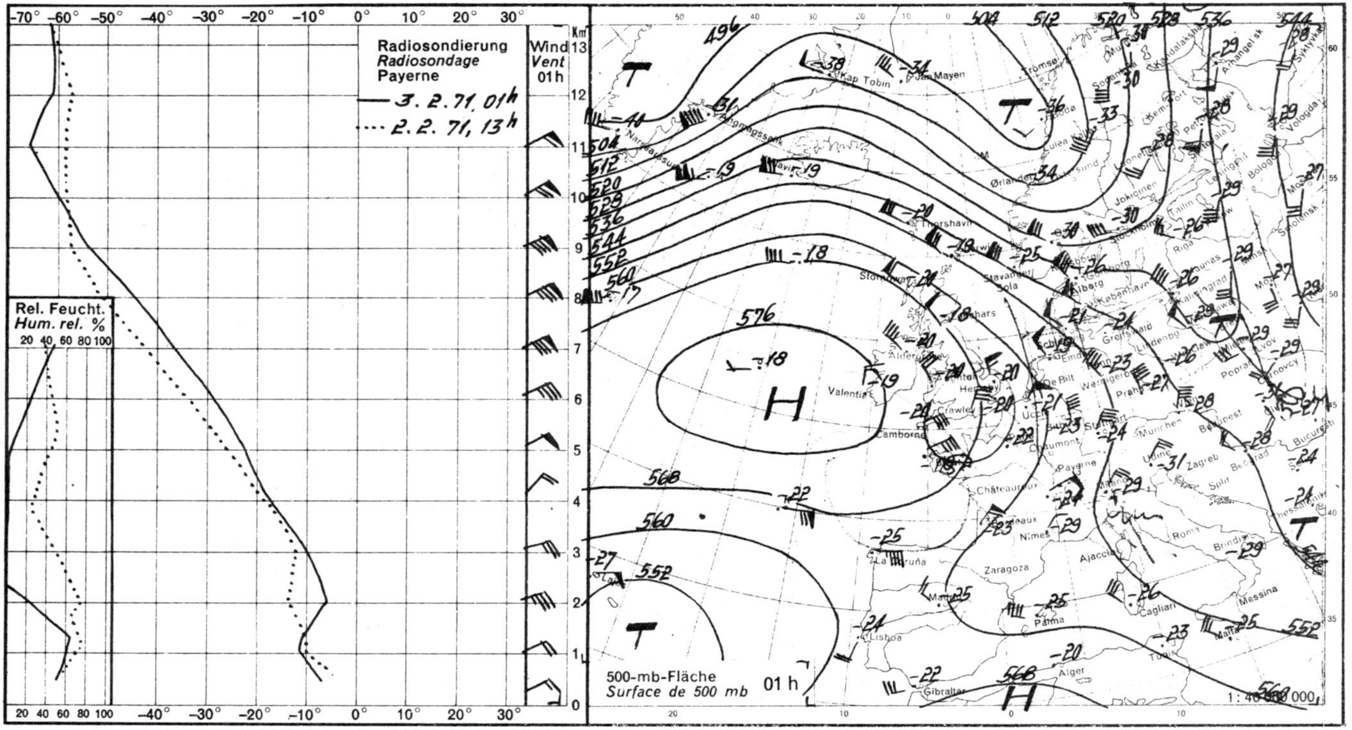

Radiosondierung
Radiosondage
Payerne
— 3. 2. 71, 01h
··· 2. 2. 71, 13h
Wind
Vent
01h
Km
Rel. Feucht.
Hum. rel. %
500-mb-Fläche
Surface de 500 mb
01 h
1 : 40 000 000

TT = Temperatur °C UU = Feuchtigkeit/*Humidité* % (100 % = 00) DD= Windrichtung/*Direction du vent* FF = Windgeschwindigkeit in Knoten/*Vitesse du vent en noeuds* W = Wetter/*Temps:* ○ hell/*clair* ◔ leicht bewölkt/*peu nuageux* ◑ bewölkt/*nuageux* ◕ stark bewölkt/*très nuageux* ● bedeckt/*couvert* • Regen/*pluie* ∗ Schnee/*neige* ☈ Gewitter/*orage* ≡ Nebel/*brouillard* RR = Niederschlag/*Précipitations* mm ☉Sonne/*Insolation* 1/10h N∗= Neuschnee/*Nouvelle neige* cm ∗H = Höhe der totalen Schneedecke/*Hauteur totale de la neige* cm.

Stat.-Nr.	Station	Höhe in Metern *Altitude*	13h Dienstag, 2. Februar 1971 TT	UU	DDFF	W	19h TT	UU	DDFF	W	RR 07-19h	☉	Baro. 1/10 mb Mittel *Moyen*	07h	Mittwoch, 3.2.71. 07h TT	UU	DDFF	W	RR 19-07h	N∗	∗H
1	Basel Flughafen	268	0	43	0810	●	-2	63	0202	○		8.2	985^5	10005	-6	85	0000	●			
2	Olten	413	-2	84	0308	●	-3	75	0306	○		5.6	969^0	9822	-6	94	2406	○			
3	Weißenstein	1228	-8	96	2508	◕	-9	91	1608	○			877^0	8854	-7	89	1508	●			35
4	La Chaux-d-Fds	990	-4	78	0606	●	-5	71	0312	○		6.7	902^5	9093	-6	67	0406	○			3
5	Neuchâtel	487	-1	60	0418	●	-3	56	0412	○		7.3	959^5	9735	-5	73	0000	◕			
6	Romont	764	-5	78	0636	●	-6	70	0532	◔			928^0	9384	-9	70	0706	◕			1
7	La Dôle	1672	-10	00	0935	○	-13	82	0960	◔		4.8	830^5	8356	-7	17	0924	◕			
8	Genève-Aéroport	430	-1	60	0520	◕	-1	56	0525	●		1.2	966^0	9820	-5	73	0000	◕			
9	Lausanne	618	-2	65	0417	◔	-4	64	0415	○		8.1	944^5	9570	-5	72	0305	●			
10	Montreux-Clar.	408	3	48	1804	◕	0	52	3604	○		4.9	969^0	9824	-4	73	2702	●			
11	Leysin	1358	-5	92	1902	≡	-8	93	2001	◔		0.0	863^0	8698	-7	85	2700	○			23
12	Sion	549	1	75	2604	●	0	75	2704	●		0.0	951^5	9655	-2	83	2201	●			
13	Montana-Verm.	1510											847^0								
14	Zermatt	1632	-4	95	0304	●	-9	86	2502	●		0.3	834^5	8412	-12	89	2700	◕			36
15	Bern	572	-3	76	0310	●	-4	72	0711	○		4.7	950^0	9624	-7	81	2003	●			
16	Koppigen-Ö'berg	482	-3	69	0718	◔	-4	63	0808	○		7.1	960^0	9736	-7	86	2204	●			
17	Saanen-Gstaad	1010	-4	78	3105	●	-7	72	0903	◕			900^5	9108	-14	94	0904	◕			17
18	Interlaken	574	-2	83	3202	●	-3	70	0403	●		0.0	949^5	9620	-7	81	1803	◕			2
19	Mürren	1639	-9	95	1000	≡	-11	94	1002	≡	1	0.0	833^5	8390	-10	94	2904	○		1	39
20	Jungfraujoch	3576	-14	15	3118	○	-14	17	1310	○		8.2	653^0	6533	-15	17	3122	◔			
21	Luzern	437	-3	90	3502	●	3	90	3402	◕		0.0	965^5	9783	-6	90	0102	◕			1
22	Rigi-Kaltbad	1454	-9	94	0906	≡	-11	93	0900	●		0.2	853^0	8588	-8	60	0902	●		1	18
23	Engelberg	1018	-7	95	2212	•	-8	92	2208	∗	1	0.0	899^5	9089	-12	87	1203	○		3	18
24	Gütsch-Oberalp	2288	-13	88	0605	◕	-16	82	0509	◕	1	0.0	769^0	7719	-7	11	3510	◔	1	1	
25	Zürich Flughafen	431	-3	60	0413	◕	-4	67	0809	○		6.4	966^0	9796	-8	93	0803	●			
26	Einsiedeln	914	-7	80	0305	●	-8	82	0605	◕			911^5	9208	-13	90	3002	●		1	22
27	Altdorf	451	-1	71	3312	●	-2	70	3400	●		0.0	964^0	9768	-5	71	1202	◕			
28	Glarus	490	-3	67	3206	◕	-4	69	3604	◕		.	959^0	9722	-8	80	2300	◕			3
29	Schaffhausen	457	-1	59	0410	◕	-4	61	0404	○		7.2	963^0	9755	-7	85	2004	◕			
30	Kreuzlingen	446	-3	57	0320	◕	-4	64	1020	◕		.	964^5	9765	-7	85	1905	●			
31	St. Gallen	664	-5	91	0504	●	-8	92	0000	●		0.0	939^5	9500	-9	91	0000	●			13
32	Heiden	815	-6	76	3006	●	-9	90	2001	○			922^0	9331	-9	89	1801	●			12
33	Säntis	2500	-18	88	0615	○	-17	45	0722	○		7.8	749^0	7505	-11	18	0106	●			230

34	Bad Ragaz	510	-3	69	3315	●	-3	66	1010	●		4.0	957^{0}	9699	-5	68	1310	●			
35	Chur	586	-3	60	0412	○	-4	64	0410	●		·	948^{0}	9608	-6	62	2005	●			
36	Disentis	1173	-5	79	1206	●	-7	88	0908	*	1	2.5	883^{0}	8918	-9	77	3600	●			15
37	Arosa	1818	-10	91	1405	*	-13	90	1601	*	1	0.4	815^{5}	8195	-11	88	0000	○		3	71
38	Davos	1592	-7	73	0409	*	-12	89	0102	●		4.5	838^{5}	8442	-14	92	3602	●			46
39	Weißfluhjoch	2667	-17	77	3604	○	-16	63	0310	◐		7.8	733^{5}	7344	-13	41	3611	●			148
40	Schuls-Tarasp	1253	-2	58	0915	●	-10	74	0910	○		4.5	874^{0}	8830	-15	82	2610	○			20
41	St. Moritz	1833	-5	22	0602	○	-12	62	0600	○		7.2	814^{0}	8180	-18	76	0300	○			85
42	Lugano città	276	9	40	1804	○	6	27	0504	○		8.1	983^{0}	9930	0	67	3604	●			
43	Locarno-Monti	379	9	26	0509	○	5	27	0607	○		8.0	971^{0}	9813	-1	45	3601	◐			
44	Acquarossa	552	6	26	0415	◡	2	32	3210	○		·	951^{0}	9606	-5	61	0000	●			23
45	San Bernardino	1638	-7	53	3216	○	-10	71	3120	◐		5.7	833^{5}	8379	-5	22	3228	○			119
Max.	Min.	1 1	-7	7 -4	-13	8 1	-5	12 2	-2	13		15 -2	-7	25 -2	-8	33 -15	-17	42 9	-2	43 9	-2

33. Nebelmeer 600m

Wetterübersicht:
Das Zentrum einer ausgedehnten Hocnuruckzone liegt über dem nahen Atlantik. Die Störungen ziehen aus dem Raume Island gegen Mittel- und Osteuropa. Sie dürften auf der Alpennordseite zeitweise ergiebige Schneefälle verursachen.

Wetteraussichten bis Samstag, 6.2.71:
Nördlich der Alpen vorwiegend stark bewölkt oder bedeckt. Zeitweise Schneefall, vor allem in der östlichen Landeshälfte. Temperaturen in der Höhe steigend.

Evolution probable jusqu'à samedi, 6.2.71:
Au nord des Alpes en général très nuageux ou couvert. Chutes de neige intermittentes, surtout dans la moitié est du pays. Température en hausse. Au sud des Alpes temps en partie ensoleillé, au voisinage des Alpes par moments très nuageux. Température en hausse en altitude.

Evoluzione fino a domenica, 6.2.71:
A nord delle Alpi in prevalenza da molto nuvoloso a coperto, a intervalli nevicate, specialmente nella metà est del paese. Lieve aumento della temperatura. A sud delle Alpi parzialmente soleggiato, lungo le Alpi a intervalli molto nuvoloso. In montagna aumento della temperatura.

B